動物たちの悲鳴が聞こえる

続・それでも命を買いますか？

杉本　彩

ワニブックス
PLUS 新書

2019年版 Evaが作成したポスター、「命の店頭販売は いりません。」

はじめに

２０１４年２月にＥｖａを設立して６年が経ちました。私たちＥｖａは、動物を取り巻く問題を伝え、動物福祉の向上をめざし、人と動物が幸せに生きることのできる社会の実現のため、その啓発と国や自治体への提言を行い活動する公益法人です。Ｅｖａ設立から２年後、ワニブックスさんより第一弾の書籍「それでも命を買いますか？」が出版されてから、早いもので４年になります。

今日まで、ときに失敗と反省をしながら、その中で多くを学び、団体として少しずつ力を備えてきました。力と言っても小さな団体なので、私の言う力というのは、発信力や問題の根っこにあるものを見極める力、そして、何か問題と向き合ったときの選択力のことです。

設立当初は、強い思いに突き動かされ、あれもこれもとやりたいことがいっぱいで、試みてみたものの思うような結果が得られず、肩を落とすことも度々ありました。そんな中で、私たちＥｖａだからできることはなんなのかを常に考え続けてきました。やはり、継続は力です。

設立から3年が過ぎた頃、少しずつ私たちの役割が明確になってきたように思います。とくに、動物愛護法改正を議論する超党派議員連盟のプロジェクトチームのアドバイザーとして、2019年に成立して公布された動物愛護法の改正に携わり、動物虐待の厳罰化の実現に大きく貢献できたことは、私たちEvaの役割をさらに自覚することができた貴重な経験でした。

議員立法による法改正は、国会での遠い出来事ではなく、私たち国民にとって身近なものであること、そして、第一弾の「それでも命を買いますか？」の出版後、この4年で学んだことを皆さんにお伝えしたく、この度本書を出版することになりました。

動物の好き嫌い、興味のある無しにかかわらず、一国民として、一消費者として、知っていただきたい内容です。耳をふさぎたくなる、目を覆いたくなる、そんな辛い現実もありますが、最後までお読みいただけることを願っております。

杉本　彩

第2章 動物愛護法改正、その評価と課題
——何が変わり、何が変わらなかったのか

第3章 「かわいい」の向こう側に巣食う闇
——そこに命の尊厳はあるか

1．いまだ終わらないペットショップでの悲劇

2．テレビ番組の無自覚という罪
――動物は「視聴率を稼ぐ道具」ではない

3．日本の動物園は、学びの場か、見世物小屋か

第4章 人間のために失われる〝命〟に感謝と尊厳を――アニマルウェルフェア

第1章　この国の動物たちを取り巻く〝今〟

1. ネットにはびこる〝虐待自慢〟——SNS社会が動物を殺す

●黒ムツという邪悪な〝神〟——動物虐待が称賛されるネット掲示板の闇

みなさんは「黒ムツ」という言葉をご存じでしょうか。多くの人は魚の「クロムツ」を想像するかと思います。しかしここで言う「黒ムツ」は魚ではありません。動物虐待を趣味とする異常者、動物虐待愛好家を指すスラングです。

黒ムツとは「黒いムツゴロウ」の略。動物研究家としても知られる畑正憲さんのニックネームをもじった呼称です。

そして、黒ムツたちの書き込みが集まるインターネットサイトとして知られているのが大手掲示板サイト「5ちゃんねる」（旧2ちゃんねる）にある『生き物苦手板』です。

『生き物苦手板』の存在が世に広く知られるキッカケになったのは、2002年に起きた福岡猫虐待事件、いわゆる「こげんた事件」でしょう（「こげんた」は事件後、猫に付けられた名前)。

犯人の男性は、自宅の浴室で野良猫のしっぽや耳をハサミで切る、針金で首を絞めるなどの虐待行為をデジタルカメラで撮影。さらに『生き物苦手板』の前身である『ペット大嫌い板』にスレッドを立てて虐待行為を投稿しました。そして、投稿を見た人たちからの批判と通報が殺到し、福岡県警に逮捕、書類送検されるに至ったのです。

自分が行った虐待行為をインターネット上に投稿するという方法は、当時マスメディアにも注目されて大きな反響を呼びました。

現在もその掲示板では毎日のように、動物への虐待行為の報告、虐待行為の画像や動画、虐待方法の詳細などが投稿され、それについてのコメントが溢れています。

「熱湯一発で背中がズル剥け大絶叫ｗｗｗ」
「吊るされた猫が熱湯風呂に落とされて死のダンス♪顔芸最高ｗｗｗ」
「バーナーで炙られると全身から湯気が出まくるの本当に草」
「斧で脚切断されたときものすんごい大喜びの雄叫びあげてるね(^^)」――

こんな信じられない、目を疑うような投稿がずらりと並んでいるのです。

直視できないような残酷な虐待動画を自慢げにアップする黒ムツがいれば、その動画を見て喜び、もっともっとと煽るようなリアクションを返す黒ムツもいる。だからもっとひどい虐待をしようとする。そんな恐ろしいループが生まれています。

さらにタチが悪いのは、そうしたスレッドでは、投稿される虐待行為が残虐であるほど、異常であるほど称賛の対象になりやすいという点です。「すごいやり方を編み出した天才登場」「そこまでやるあんたは〝神〟だよ」と、まるでヒーローや神様のごとく持ち上げられ、褒め称えられ、憧れの的となる。どうかしているとしか思えません。

現実社会では人間関係がうまくいかなくても、ネットに虐待動画を投稿すればヒーローになれる。となれば、それに快感を覚えた黒ムツの〝虐待自慢〟がさらにエスカレートしていくのは想像に難くありません。

自分より弱い立場の動物を痛めつけ、苦しめて、インターネット上で〝さらし者〟にする。もの言わぬ動物への暴力で自分の弱さを埋め、ストレスを解消しようとする――。

黒ムツたちにとって虐待動画をインターネット上に投稿するという愚かしい行為は、自分の承認欲求を満たし、称賛を集めるための格好の手段になっているのです。

詳しくは後述しますが、２０１7年8月、埼玉県で猫13匹を虐待・殺傷して逮捕された元税理士の男性も『生き物苦手板』に虐待動画を投稿し、黒ムツたちの間で〝神〟と崇められていた人物でした。

こうした『生き物苦手板』のような掲示板の存在が動物虐待の温床になっているのは紛れもない事実です。そして現在、さまざまな団体や有志によってその閉鎖を求める署名活動も行われています。しかし、掲示板はいまだに放置されており、そこでは今日も黒ムツたちによる恐ろしい議論が交わされているのです。

動物を虐待することに喜びを見出す。ひどい虐待ほど称賛する。そんな黒ムツたちが集って盛り上がるネット掲示板。こうしたコミュニティが存在しているという現実を知るにつけ、言葉にできないほどの強い憤りを感じます。そして同時に、人間の心の闇の深さに底知れぬ恐怖を覚えるのです。

●「かわいい」が「虐待」へとエスカレートしてしまうリスク

インターネット上で動物への虐待が晒されているのは、黒ムツが集う掲示板だけではありません。YouTubeやニコニコ動画などのメジャーな投稿動画サイトにも、「かわいい」とは名ばかりの、虐待まがいの動画が散見されます。

例えば――。

嗅覚が鋭い犬に〝世界一臭い果物〟と言われるドリアンの臭いを嗅がせたり、子犬や子猫に激辛食品やすっぱいレモンを食べさせて悶絶する姿が「かわいい」。

うとうとしかけていた猫の耳元で突然、大爆音や大音量の音楽を鳴らして、びっくりしてパニックになる様子が「かわいい」。

お腹を空かせた子猫にすぐに餌を与えず、必死に空腹を訴え続ける様子が「かわいい」。

音楽に合わせて猫の手足を無理やり引っ張って動かしている様子が、踊っているように見えて「かわいい」。

人間の赤ちゃん用のテーブルチェアに押し込められ、窮屈そうに餌を食べる小さな仔馬の姿が「かわいい」。

――でも私から見れば、動物を利用して、動物を動画撮影の道具にして、動物をおもちゃにして、遊んでいるだけ。どういう心理で、どう考えたら、こうした動画を「かわいい」と思えるのか不思議でなりません。コメント欄には「かわいい」「思わず笑っちゃった」「癒される」といった投稿が並んでいますが、「動物虐待じゃないか」と物議を醸しているケースもあるのです。

そして何よりも危惧されるのは、こうした動画の内容はどんどんエスカレートしていくということ、さらに目的が逆転してしまいかねないということです。

最初は、驚かせたり、我慢させせたりで収まっていたものが、次第に度を越した虐待行為へとエスカレートしていく。

最初は、おもしろい動画を撮ることが目的で、結果、動物を傷つけ苦しめていたのが、次第に「動物を苦しめること」自体が目的になっていく。虐待を楽しむようになっていく。黒ムツへと変貌していく――。こうしたことは十分起こり得ます。

そして、本書の冒頭でも触れたような、動物を虐待して苦しめている動画をインターネットに投稿して告発される、動物愛護法違反で逮捕されるという重大な事件へとつながっていく。こうした危険性は十分にあります。事実、インターネット上に投稿される虐待動画や画像、情報などは残虐性がエスカレートするばかりなのですから。

●見つけたら即、通報を――ネットにはびこる動物虐待を許さない

サイトの運営側でもあまりに残酷な動画については、チェックして削除警告をするなどの措置を講じてはいるようですが、それも結局は〝イタチごっこ〟になっています。インターネット上への匿名での投稿は当たり前。たとえ悪意ある残虐な投稿を禁止しても削除しても、雨後の筍のごとく、またどこか別の場所にそうした〝舞台〟が現れてくる――。正直なところ、虐待動画の投稿やそれを扇動するサイト上のやりとりを一掃する効果的な手立てはなかなか見つからないのが現実でしょう。

ならば、そうした行為は起こり得るという前提に立って、社会が、世の中が、どこまで厳しく監視できるか。いち早く見つけ出して、迅速に取り締まれるか。その行為に対

して厳罰を科せられるかが重要になってきます。

前述した２０１７年８月に埼玉県でたくさんの猫を虐待・殺傷した疑いで元税理士の男性が逮捕された事件。

２０１９年７月に名古屋で起きたインコ虐待事件（飼っていたインコが泣き止まないことに腹を立てた飼い主の男性が、インコにコンドームをかぶせてライターの火を押し付けるなどの虐待を行い、それをインターネットの動画サイトに投稿したという事件）。

これらの悪質な事件は、いずれも「虐待動画が投稿されているのを見た」という多数の通報が警察に寄せられたことで発覚し、犯人逮捕に至っています。

つまり、そうした動画が投稿されたことによって、虐待行為が発覚し、その動画が証拠となって摘発につながったとも言えます。

私たちＥｖａ（公益財団法人　動物環境・福祉協会Ｅｖａ）のもとには「私のような一般の者が警察や行政に通報しても聞いてもらえない」といった相談が届きます。でも、そんなことはありません。こうして社会の声、人々の声が警察を動かし、虐待行為を摘発するきっかけになっているのですから。

誰もが投稿でき、誰もが閲覧できるＳＮＳ社会は、悪意ある自己承認欲求を満たす舞台となるような問題も引き起こしますが、同時に誰もが悪意の在り処を見つけられる、悪意の暴走を監視・抑止できるという側面も持っています。

もしみなさんがインターネットで虐待動画を見つけたら、すぐに警察や行政の窓口に通報してください。ＹｏｕＴｕｂｅなどの動画サイトには「違反報告」ができる方法も掲載されていますので、そちらに報告するという手段もあります。

どうか、「自分一人が通報しても、どうせ何にも変わらない」などと思わないでください。確かにその通報だけで、即、捜査や摘発には至らないかもしれません。でも、それでもあきらめずに監視し、通報する。罪深い動物虐待に対して、社会が、大多数の良識ある人々が、常に厳しい目を向ける。その積み重ねが民意となり、警察を、行政を、サイト運営者を動かす力になります。法律を変えるきっかけになります。

動物虐待を許さない、見逃さない、という一人ひとりの正しい行動が、傷つけられ苦しんでいる動物たちを救うことになるのです。

2. 行政は動物を殺さなくなったのか――殺処分ゼロを考える

●「殺処分ゼロ」は本当か――手放しで喜べない3つの理由

殺処分とは――自治体の保健所や動物愛護管理センターなどに持ち込まれた犬猫などを〝殺害〟して〝処分〟すること。施設の収容される犬猫が譲渡されないまま増え続けると、収容可能な頭数を超える〝キャパオーバー〟になってしまうため、こうした殺処分が行われるのです。

その方法は、「ドリームボックス」と呼ばれる箱のなかに二酸化炭素ガスを充満させて窒息死させる方法が一般的です。何の罪もない犬猫が〝夢の箱〟のなかで、もがき苦しみながら死んでいきます。決して安楽死などではありません。

できる限り動物に苦痛を与えないという環境省の「動物の殺処分方法に関する指針」に従って、注射による安楽死、餌に致死量の麻酔薬を混ぜた安楽死など、動物の苦痛の軽減に努める自治体も増えてきてはいます。

とはいえ、処分するために殺すことに変わりありません。こうした人間都合による動物の殺害が毎日のようにどこかで行われている――その事実に胸がえぐられるような悲しみ、怒り、そして罪深さを覚えます。

近年、この殺処分が減少傾向にあると言われています。

環境省の統計によると平成29年度は4万3000頭以上の犬猫が保健所など自治体の施設にて殺処分されています。

ここ数年の殺処分数は、平成28年度は約5万6000頭、27年度は約8万3000頭、26年度は約10万1000頭と推移しており、10年遡って平成19年度には約30万頭だったことを考えれば、殺処分数は年々減少しています。

また、ここ数年、いくつかの自治体で「行政における犬猫の殺処分ゼロを実現した」という発表も行われています。

しかし、この数字を額面どおりに信用して、「日本も動物にやさしい国になった」「行政も頑張っている」などと手放しで喜ぶことはできません。なぜなら「殺処分数の激減」「殺処分ゼロ」の裏には、あるカラクリが存在しているからです。

そのカラクリとは、大きく分けて次の３つです。

①動物愛護団体によるサポート
②カウントの仕方
③行政の引き取り拒否

以降、ひとつずつ検証していきましょう。

①動物愛護団体によるサポート

ひとつめのカラクリは、収容された犬猫をボランティアの動物愛護団体が行政施設から引き取っているという実態です。「行政施設に収容された犬猫をなんとか救いたい」という思いで保護施設から犬猫を引き取り、ケアやしつけをし、自分たちで里親探しをする動物愛護団体やボランティアが増えているのです。

行政が声高に成果を主張する「殺処分の減少」や「殺処分ゼロ」は、行政の取り組みだけでなし得たものではありません。その陰では、心ある動物愛護団体が大きな負担に身を削りながら、尊い気持ちを持って保護活動を行っています。その大きな貢献があるからこそ、殺処分されるはずの命が救われているのです。

もちろん真摯にこの問題に取り組んでいる行政もあります。しかし、なかには動物愛護団体の善意におんぶに抱っこで丸投げし、本腰を入れて取り組まずに愛護団体の負担だけが増えて疲弊していくというケースも。こうしたカラクリに大きなメスを入れなければ、殺処分の減少は〝三日坊主〟で終わってしまいます。

②カウントの仕方

2019年4月、東京都の小池百合子知事は記者会見で、都知事選での公約のひとつに掲げていた「ペットの殺処分ゼロ」について、「当初の目標より1年早い平成30年度（2018年度）末の時点で達成した」と発表しました。

一方、同年10月には、大阪市が、2025年までに「犬猫の理由なき殺処分ゼロ」の実現を目指すための行動計画を策定する旨を発表しました。

東京都と大阪市、どちらも目標にしているのは「殺処分ゼロ」ですが、実は、その内容は大きく異なります。

環境省では、動物の〝死亡〟による処分を、

⑴苦痛からの解放が必要、著しい攻撃性がある、衰弱や感染症などで成育が極めて困難といった動物に対し、動物福祉の観点から行う〝安楽殺〟処分。

⑵事故などが原因で、施設に引き取って収容した後に死亡したケース。

⑶1、2以外の理由（施設のキャパオーバーなど）による致死処分

の3つに区分しています。

つまり、東京都における「殺処分」とは⑶に該当するケースのみ。ここが「ゼロになりました」と都知事は言っているわけです。しかし、⑵は仕方がないにしても、⑴の安楽殺までも殺処分にカウントしないことには大きな疑問を感じます。

実際、殺処分ゼロを発表した平成30年度（2018年度）にも、⑴⑵に該当する施設内で死亡した犬猫が約360頭もいたことがわかっています。

ただ、そのうちの何頭が⑴の〝安楽殺による処分〟で、何頭が⑵の引き取り後の死亡

なのか。(1)の安楽殺にしても、対象となった犬猫は本当に譲渡できないような状態だったのか。きちんと治療を施したのか。ケアやトレーニングに時間をかければ改善する可能性があったのではないか。本当に安楽殺する必要があったのか――。こうした真相はわからないままです。

また、そもそもそうした犬猫が、街中のどこで、何が原因で、収容されることになったのか。例えば野良猫が増えたために乳飲み子が放置されてしまった、人慣れしてない攻撃性の強い野犬だった――など。行政は、安楽殺に至った原因部分をしっかりと追及、検証していくべきでしょう。

一方、「理由なき殺処分ゼロ」を掲げている大阪市では、東京都が除外している(1)に該当する〝安楽殺〟処分についても、殺処分の数に算入して発表しています。

病気で治る見込みがないなどといった「理由がある犬猫」については殺処分します。でも収容スペースがキャパオーバーとか、譲渡の公示期間が過ぎたというのは「殺す理由にならない」からゼロにします。人間の都合による殺処分はしません。そう言っているのです。

もちろん安楽殺には安楽殺で、さまざまな考え方があり、議論があります。命を奪うことに変わりはないという考え方もあれば、手の施しようがない病状による甚大な苦痛から動物たちを解放するための〝最終最後の医療行為〟という考え方もあります。それは事実であり、非常に難しい問題でしょう。

ただ、本来の安楽殺と、人間の都合だけで理由なく命を奪われる不必要で強制的な殺処分とでは、その本質がまったく異なると私は考えます。

「何をもって殺処分ゼロとするか」というカウントの仕方も数字だけでは素直に喜べないカラクリのひとつなのです。

③行政の引き取り拒否

前述したように平成29年度は４万３０００頭以上の犬猫が保健所など自治体の施設にて殺処分されています。

しかしこの数字はあくまで〝環境省が発表した頭数〟に過ぎません。その陰には、ここにカウントされることなく、闇に葬られてしまった数多くの犬猫たちの命があるのです。

それが、生体展示販売を主流とするペット業界の生産・流通過程で失われる命です。利益第一主義のペット業界における「動物の命の軽視」という実態が、多くの動物たちを苦しめ、死に至らしめています。

・ペットショップで売れ残って不良在庫となり処分に困って放置された犬猫の死。
・〝子を産む道具〟として扱われ、産めなくなって不要となり遺棄される犬猫の死。
・免疫力の低い幼齢期に売買の場に晒されて罹患し、治療も施されない犬猫の死。

以降の章でも触れますが、前回の動物愛護法改正によって自治体が動物を扱う業者からの持ち込みを拒否できることになりました。その結果、不要になった動物たちの処分先を失ったペット業者のもとでは、闇に葬られるが如く命を落とす犬猫たちが増えているという現実があるのです。

悪質なペット業者が公表したくない死、知られたくない死、報告されない死――そうした正確に把握できないまま闇に葬られてしまう死については、当然、行政の殺処分数にカウントされることはありません。

さらに、飼い主にも終生飼養が義務付けられたために、業者に限らず、個人からも、相応のやむを得ない事由がない限り行政は引き取りを拒否できることになりました。このこともまた、行政の施設に入ってくる犬猫の数が圧倒的に減った一因となっています。業者や個人からの持ち込みを断わっているから、その分の殺処分数が減っている。この実態もまた、環境省の発表する数字を喜べない大きなカラクリなのです。

●杓子定規の「引き取り拒否」の弊害――ガラガラの動物愛護センター

殺処分ゼロを手放しで喜べない理由のひとつに「行政の引き取り拒否」を挙げました。行政の施設に持ち込まれる犬猫の数が減れば、当然、殺処分も減ります。そうした状況ならば、殺処分ゼロの達成もそれほど難しいことではないでしょう。

しかし、そこには大きな問題があります。行政からの引き取りを拒否された犬猫たちが幸せになるわけではないということです。そもそも彼らは、業者にとっては〝余剰在庫〟であり、飼い主にとっては〝不要品〟です。動物をその程度にしか見ていない相手に「終生飼養が義務だから最後まで面倒を見ろ」と突き返したところで、何の問題解決にもなりません。その犬猫たちに待っているのは、遺棄か、ネグレクトか、衰弱死か。後述する「引き取り屋」なる業者に連れていかれるか——。少なくとも幸せになれるはずがないことは火を見るよりも明らかです。

殺処分ゼロは、動物愛護・動物福祉のために掲げられたもののはず。なのに、ゼロという数字を達成するために、本来ならば引き取るべきケースでも引き取らない。何でもかんでも拒否する。こうした姿勢には疑問を感じます。1匹も引き取らなければ、殺処分がゼロになるのは当たり前なのですから。

例えば、地方の動物愛護センターのなかには、設備が整った素晴らしい施設も少なくありません。時代の流れとともに動物愛護の気運が高まりつつあり、行政の動物愛護センターも「殺す施設」から「生かす施設」へと移行し始めています。その影響もあって、何億円もの予算をかけて立派な動物愛護センターをつくっているのです。

しかし実際に現地に行ってみると多くの施設はガラガラで、動物もほんの少数しか収容されていません。先に述べたように、自治体が殺処分ゼロを目指しているために、滅多なことでは動物を引き取ろうとしないからです。

仮に〝難関〟を突破して収容された犬猫にしても、その多くは自治体に登録している動物愛護団体に引き取られて、施設を出ていくことになります。

基本、引き取らない。もし引き取っても、今度は動物愛護団体にお任せする。行政が引き取るべき案件でも、収容して殺処分なんてことになったら困るから、団体に頼んで丸投げする。だから、動物愛護センターに動物がいないのです。

しかし、センターから引き取る動物愛護団体にも当然、キャパシティがあります。飼育スペースも、里親探しのための時間も労力も、そしてお金も、無尽蔵に確保できている団体などひとつもありません。それでも団体の人たちは、センターに収容された犬猫を少しでも早く救いたいという尊い思いに突き動かされて、いっぱいいっぱいのところで持ちこたえています。

行政が安易に目指す「殺処分ゼロ」は、心ある動物愛護団体の大きな負担によって何とか成り立っている、そうした側面も否定できないのです。

しかし今後、こうしたセンターの受け皿、殺処分ゼロの受け皿となっている動物愛護団体がその飼養可能頭数の限界を超えてしまったら、どうなるのでしょうか。犬猫たちはそこで再び、ケアの行き届かない劣悪な環境下に置かれることになります。

もちろん、団体では、少しでも早く〝最後の受け皿〟となる里親を探そうとするでしょう。しかし、「早く譲渡しなければ」という気持ちが先走れば、どうしても里親探しは慎重さを欠き、その審査も甘くなりがち。そうなると、本当に動物を大切にしてくれる人かどうか見極められないまま譲渡することにもなりかねません。虐待目的で里親を申し出るような悪質な輩の手に渡ってしまう恐れだってあるでしょう。

数字合わせのため、民間の動物愛護団体にしわ寄せがいくような現状の仕組みでは、やはり動物たちが幸せになれないことは明白なのです。

●「殺さない施設」ではなく、本当の意味で「生かす施設」に

そうした状況を考えれば、やはり行政（動物愛護センター）も「引き取るべきケースではしっかり引き取る」ようにすべきだと思います。せっかく巨額の予算をつけた立派な施設があるのですから、使わなければ本当に宝の持ち腐れになってしまいます。

以前ある動物愛護センターで、偶然、職員の方が個人からの犬の持ち込みを断わっている現場に居合わせたことがあります。

持ち込んできた人の様子や言動などから察するに、本当にやむを得ない理由があるようには見えませんでした。それ以前に、動物に対する愛情が微塵も感じられません。ペットがただ〝邪魔なお荷物〟にしか見えていない。この人の持ち込みを拒否して「自分で面倒を見ろ」と突き返したら、きっとロクなことにならない――。普通の感覚の持ち主がその場にいたら、誰もがそう感じたでしょう。

返された動物がどんな目に遭うか大方の想像がつくのに、それでも引き取りを拒否するなど本末転倒です。殺処分ゼロという目標のために、動物を不幸にするということに

もなりかねないのですから。

もちろん、何でもかんでも引き取れ、引き受けろと言っているわけではありません。行政の動物愛護センターが、不要になった動物たちの〝廃棄センター〟になるなど、あってはならないことです。

ただ、だからといって「まったく引き受けない」というスタンスも、これはまた違うのではないでしょうか。引き受けて収容したからといって、すべてが殺処分につながるとは限りません。

新しいセンターにはCTやレントゲンなどを完備した素晴らしい手術室や処置室があるのですから、行政主体で治療したり、手術したりという〝保護〟をすればいい。臨床獣医師が少ないなら、連携している獣医師会の先生に来てもらえばいいのです。

引き取れば救える動物、引き取らなければ救えない動物には救いの手を差し伸べる。

殺処分ゼロを目指す前に、目の前の動物を救うことを目指す。

引き取りを拒否するのなら、持ち帰った飼い主の様子を定期的にチェックして、継続的に問題解決のサポートをする。

あくまでも主体は行政で、その前提の上で民間（動物愛護団体）との連携を考える。これが本来あるべき姿だと思います。

〝生かす施設〟へと法律も変わってきた今、行政は「動物愛護センターが本来果たすべき役割は何か」を再検討する必要があるのではないでしょうか。

もちろん駆除目的で捕獲した猫などのケースは引き取りを拒否すればいいでしょう。ただ、センターへの引き取り依頼で圧倒的に多いのは、「目の前の動物を助けたい」「動物たちを放っておけない」という心優しい人からの持ち込みなのです。

そこで動物愛護センターが「殺処分を前提で引き取る施設」になってしまえば、引き取り依頼をしようとする人たちは怯んで、保護のための持ち込みを躊躇(ためら)ってしまうかもしれません。そうすると最悪の場合、犬猫たちはそのまま公園などに遺棄、放置されたまま命を落とす、民間団体に丸投げで引き取られるといった運命を辿ることになるでしょう。場合によっては、センターに持ち込めないがゆえに「助けたい」という優しい心を持っている人が、悲しいことに「動物の遺棄」という罪を犯してしまうことにもなりかねません。

また、殺処分ゼロを掲げる行政ほど、多くの問題を抱えています。先日、新しい動物愛護センターが開設されたある自治体では、センターの収容数は一桁ですが、登録している複数の民間の動物愛護団体には、それぞれ50～60頭の動物がいるという話も耳にします。

過剰に引き取る動物愛護団体にも問題はありますが、やはり自治体サイドが動物愛護団体の適正頭数を把握し、しっかりとマネジメントしていく必要があるでしょう。

センターに収容されていたときより、民間の動物愛護団体に譲渡されたあとのほうが犬猫がガリガリに痩せて弱ってしまう——こうした話を聞くにつけ、殺処分ゼロを目指すばかりに単に民間団体に動物を移動させているだけで、問題の本質はまったく改善されてないことを痛感します。

日本は欧米と違い、多額の寄附によって民間の動物愛護団体が大型シェルターを保有できるような寄附文化が成り立つ国ではありません。だからこそ、日本では行政の動物愛護センターが本当の意味での〝生かす施設〟として稼働するべきなのです。

●「殺処分ゼロ」は問題解決のゴールではない

ここ数年で自治体の間にも「殺処分数ゼロ」を目指す取り組みが広がってきました。選挙の公約として掲げられることも増えています。こうした気運の高まり自体は歓迎すべきことではあります。

ただ、こうした根本的な問題や入り組んでいるさまざまな背景を理解せず、正しい知識を学ぶこともなく、本来向き合うべき問題から目をそらして、政治思想と関係のない聞こえのよさや共感の得やすさに飛びついているのではという、安易なケースも少なくありません。

私が危惧するのは、「殺処分ゼロ」という言葉だけが美化されて、本当に解決しなければいけない問題が置き去りにされてしまいかねないことです。

そもそも「殺処分ゼロを目指す」という言葉自体に違和感を覚えています。なぜなら、数字ばかりにとらわれて、数を減らすことを「目標」にしてしまう恐れがあるからです。

しかし間違えてはいけないのは、殺処分ゼロが問題解決のゴールではないということ。

ただ単に数字の推移だけで評価するのはとても危険なのです。

「行政が業者からの持ち込みを拒否したから殺処分はゼロ」
「その結果、流通過程での虐待死や衰弱死はカウントしない」
「動物愛護団体が受け皿になって引き取れば殺処分はゼロ」
「どんな不適切な環境であろうと、生かしておけば殺処分はゼロ」

これでは、たとえ数字上は「殺処分ゼロを達成」しても、その自治体の動物愛護や福祉が改善、向上したことにはなりません。問題の根本解決にならないのです。
そうではなく、私たちが、この国が、社会が、本当に目指すべきは、

・命の売買でお金を儲ける悪質なペットビジネスをゼロにすること。
・繁殖や流通過程で奪われる命をゼロにすること。
・無責任な飼育放棄（ネグレクト）をゼロにすること。

そうすることが、「殺処分ゼロ」にもつながるのです。
動物にやさしい国、動物と人が共生できる国への本当の歩みはそこから始まります。

第2章

動物愛護法改正、その評価と課題

——何が変わり、何が変わらなかったのか

２０１９年６月、議員立法による「動物の愛護及び管理に関する法律等の一部を改正する法律（改正動物愛護法）」が衆議院本会議にて成立、同19日に公布されました。

施行は原則として公布から1年以内、つまり２０２０年６月ですが、内容によって施行が２年後、３年後となる例外が設けられています（詳細は後述）。

私たちＥｖａは２０１７年３月から、超党派の「犬猫の殺処分ゼロをめざす動物愛護議員連盟」プロジェクトチームのアドバイザーに選任されるなど、２年間にわたってさまざまな角度から今回の法改正に関わってきました。そうした場において私たちは、動物の置かれている厳しく悲惨な現状を、動物を守れない現行法の不備と改正の必要性を常に訴え続けてきたのです。

今回、多岐にわたって大幅な改正が行われましたが、なかでも重要なポイントと考えているのが、次の４項目です。

①動物殺傷・虐待の厳罰化

②飼養又は管理に関する数値規制

③８週齢規制
④マイクロチップ装着の義務化

ここでは４項目を軸に、今回の法改正について、私たちが挙げた声や要望がどのように反映されたのか、評価すべき点はどこか。残された問題点やさらなる課題は何かなどを、私たちＥｖａの取り組みとも併せながら解説していきます。

●「厳罰化」への道①——現行法の限界を痛感した事件

改正前
・動物を殺傷した場合：２年以下の懲役又は２００万円以下の罰金
・動物を遺棄・虐待した場合：１００万円以下の罰金

改正後
・動物を殺傷した場合：５年以下の懲役又は５００万円以下の罰金
・動物を遺棄・虐待した場合：１年以下の懲役又は１００万円以下の罰金

今回の法改正でもっとも評価できるのは、「動物殺傷罪等の厳罰化」が大きく前進したことでしょう。

改正前の刑罰は、動物を殺傷が「2年以下の懲役又は200万円以下の罰金」、動物を遺棄・虐待が「100万円以下の罰金」というものでした。それが今回の改正で、

動物の殺傷――「5年以下の懲役又は500万円以下の罰金」
動物の虐待・遺棄――「1年以下の懲役又は100万円以下の罰金」

と大幅に引き上げられました。懲役は「2年」から「5年」に増え、罰金刑だけだったものに新たに懲役が加わったのですから、実質、刑罰は2倍以上に重くなったと言っていいでしょう。ここまで一気に法定刑の厳罰化が進むのは、ほとんど前例がない画期的なことだそうです。事実、これまでの動物愛護活動でも、法律という既存のルールを変えることの難しさは身に染みていました。そうした高いハードルを乗り越えて実現し

Evaが主催した「改正動物愛護管理法を考えるシンポジウム2018」にて（2018年10月）

元環境副大臣、関芳弘議員事務所で動物虐待厳罰化について陳情（2018年6月）

公明党の動物愛護勉強会で（2018年5月）

た今回の厳罰化は、まさに奇跡的な前進として評価できるでしょう。

ただ、この奇跡は〝生まれるべくして生まれた〟ものだと、私は考えています。

私たちEvaも今回の法改正での「動物に対する殺傷、虐待・遺棄罪の厳罰化」に力を注いで取り組んできました。その具体的なきっかけとなったのが第1章でも触れた2017年8月に発生した、埼玉県の元税理士の男性による猫13匹の虐待・殺傷事件です。

この男性の行為はまさに〝病的〟なものでした。捕獲器に閉じ込めた猫たちに熱湯を浴びせる、爆竹を投げつける、ガスバーナーで火あぶりにするといった残酷な虐待を加え、9匹をショック死させ、4匹にやけどなどの重傷を負わせていたのです。

しかも虐待の様子を動画撮影してインターネットの動画共有サイトに投稿していました。その動画を見た人の通報によって警察が動いたことで、動物愛護法違反の罪での逮捕に至ったのです。

この事件の公判が行われたのは同年11月末と12月中旬。私は2回とも傍聴したのですが、そこで語られる被疑者の男性のあまりに残虐な行為、そして自己正当化のための自分勝手な言い訳に、心の底から湧き上がる激しい怒りを感じずにはいられませんでした。

「手を噛まれてけがをした」

「あちこちで糞尿被害が起きた」

「捕獲器で捕まえたネコは遠くに放しても戻ってくる」

――過去の猫との〝トラブル〟を列挙し、だから虐待は〝駆除行為〟だったというのがその男性の主張でした。

とんでもない。だからといって、それが猫をバーナーであぶり殺しにしていい理由になどなるはずがありません。この裁判の行方は、多くの動物愛護団体や愛猫家が注目していました。

しかし同年12月、男性に言い渡された判決は「懲役1年10月、執行猶予4年（求刑懲役1年10月）」というもの。裁判官からは「残虐な犯行であり、正当化する余地はなく動物愛護の精神に反する悪質なもの」ではあるものの、前科がないことや、税理士を廃業せざるを得ない状況に至ったことなど、さまざまな制裁を受けた点を考慮して、実刑ではなく執行猶予としたという説明がありました。

確かに動物の殺傷事件については、その多くが２００万円の罰金刑（法改正前の罰則）を求める略式起訴となってきたため、この事件のように裁判にまで持ち込まれるのは珍しいケースです。判例を見ても、200万円以下という罰金の上限に対して、例えば2017年に千葉県成田市で起きた仔猫2匹を殺傷した事件では「罰金20万円の略式命令」、2018年に北海道札幌市で起きた、猫を閉じ込めて虐待した事件では「罰金10万円の略式命令」など、非常に〝軽い〟ものばかりでした。そうした意味で「執行猶予4年」というのは、当時の現行法のもとでは〝重い部類〟になるのかもしれません。しかし、この判決は当然、納得できるものではありませんでした。そして、改めて現行の動物愛護法の限界を思い知ったのです。

私は、自分が関わっている今回の動物愛護法の改正で、何としても「動物虐待に対する刑罰の厳罰化」を実現させなければならないと心に誓いました。これほど残酷で、凶悪で、動物の命の尊厳を無視した犯罪を行っても、現行の法律では実刑にすら持ち込めない。犯した罪に見合った厳しい罰が下されるように法改正しなければ、動物虐待はいつまでも野放しにされてしまう、と。

ただ、「法の改正」とはいうものの、そこで実際に従来の法律を大きく変える、刑罰を飛躍的に引き上げるのは非常に困難なことです。では、その難しいミッションを成し遂げるために何をどうすればいいのか。

私たちＥｖａは、まず取り組むべきは動物を愛する人たちの〝声〟を力に変えることだと考えました。そして、この事件の判決から1週間後、「動物虐待の厳罰化（刑罰の引き上げ）」と「動物虐待を取り締まる専門機関（アニマルポリス）の設置」を求める署名活動をスタートさせたのです。

●「厳罰化」への道②――あきらめない思いと〝25万筆の署名〟が生んだ奇跡

２０１７年12月19日から翌２０１８年２月15日まで実施した1回目の署名活動では真筆署名２万３６６３筆とネット署名５万８３６９筆で、合計８万２０３２筆が集まりました。さらに当時、国会の延長に伴って請願受付が再開されたために、２０１８年６月21日から同７月６日までの約２週間、署名活動を再開したところ、さらに真筆署名で１万８１１６筆が加わりました。

動物を守るための殺傷・虐待行為に対する厳罰化を求め、真筆とネットを合わせて、半年間で実に10万148筆もの熱い声、熱い願いが寄せられたのです。

この10万筆の請願署名を手に、私たちはさっそくロビー活動を開始しました。まずは首相官邸を訪問して、西村内閣官房副長官に今回の署名活動を報告。そして、真筆署名を国会に提出するために何人もの国会議員の方にお願いして回り、紹介議員になっていただけた約30名の先生方を通じて、衆参両議長宛てに署名を提出しました。

そのほかにも、環境委員の理事の方々をはじめ、会うべき人、会わなければいけない人には片っ端からアポイントを取り、すべてお会いしては署名の主旨を説明させていただき、多くの方々にご賛同をいただきました。

こうして国会に提出した10万筆超の請願署名ですが、残念ながら2018年7月22日に閉幕した通常国会では「不採択」という結果になり、この段階では私たちの請願は通りませんでした。

ただ「特段の理由もないままの不採択」という結果には納得できませんでした。もちろん、このままあきらめて引き下がることなどできるわけもありません。そこで「一度ダメでももう一度」とばかり、すぐさま署名活動を再開しました。今回は目的をより明確にするために、請願内容を「厳罰化」一本に絞ることにしたのです。

一方で私たちは超党派議連のアドバイザリーとして動物愛護法改正の会議に出席。議員の先生方やほかのアドバイザリーの方々と、毎回長時間にも及ぶ議論を積み重ねていきました。ただ、この改正案が２０１８年の通常国会ではまとまり切らず同年秋の臨時国会に持ち越しになり、さらに翌２０１９年明けの通常国会にまで持ち越されることになったのです。

その間も続けていた2回目の署名活動（２０１８年7月25日～２０１９年2月20日）では最終的に、25万筆を超えるほど多くの真筆署名が集まりました。そこで今回は1回目の倍となる60名の先生方に紹介議員になっていただいて、前回同様、衆参両議長宛てに署名を提出したのです。

同時に、その請願署名を携えて厳罰化の必要性を訴える陳情活動にもより一層力を注ぎました。多くの議員の方々から賛同もいただきましたが、その一方で、現実という壁の高さ、法律を変えることの難しさを改めて思い知らされもしました。

「そこまでの刑罰引き上げは前例がない」

「1年くらい増やせればいいだろう。それ以上はどうやったって無理」

「動物愛護だけってわけにはいかないよ。ほかの法律との整合性がとれない」

「そんなに厳しくしたら刑務所がパンクしちゃうよ。今だって満杯なのに」

陳情先で聞かされ続けた、ありとあらゆる〝できない理由〟のオンパレードに、「私たちのやろうとしていることは本当に不可能なことなのか」「法律を変えることなど叶わぬ夢なのか」と何度も心が折れそうになりました。超党派議連が「さすがに無理だよ」というお手上げムードに包まれたことも、一度や二度ではなかったのです。

でも、私たちはあきらめませんでした。無理だと下を向いているこの瞬間も苦しんでいる動物たちがたくさんいる。動物を愛する熱く切実な思いを25万筆超の請願署名に託してくれた人たちが日本中にいる。真冬に街頭に立って署名を集めてくれた人も、また日本だけでなく海外から署名を届けてくれた人もいる。決してあきらめるわけにはいかなかったのです。

ともすれば折れそうになる心を奮い立たせ、「やれることは、何ひとつやり残さずにすべてやろう」と決めて、しぶとく地道なロビー活動を続けていきました。

その結果――その不可能は〝可能〟になりました。

この章の冒頭でも申し上げたように、２０１９年６月12日、参議院の本会議で動物愛護法の改正が可決成立。そこには、殺傷に関しては現行2年以下の懲役又は２００万円以下の罰金が「５年以下の懲役又は５００万円以下の罰金」へ、虐待・遺棄に関しては、現行１００万円以下の罰金が、「1年以下の懲役又は１００万円以下の罰金」へという、現行の倍以上となる厳罰化が盛り込まれたのです。

これも繰り返しになりますが、私はこの画期的な厳罰化の実現を〝奇跡〟だと申し上げました。でもこの奇跡は、ただ神様から与えられた信じられない出来事ではありません。

動物を愛する多くの方々が声を挙げたからこそ生まれた奇跡なのです。厳罰化を願って全国から集められた膨大な数の署名は大きな力となって、最前線にいる私たちを支えてくれました。その本気の声が背中を押してくれたからこそ、最後まであきらめることなく現実という壁にぶつかっていくことができたのです。

署名でご協力をいただいた全国のみなさまには感謝の言葉しかありません。この場を借りて、改めてお礼を申し上げます。

一人ひとりの声は小さくても、ひとつになれば現実という岩を動かす大きな力になる。一人ひとりに正しいと思う信念、何とかしなければという思いがあれば、法律を変え、国をも動かしていける——。今回の法改正による厳罰化の実現は、私にとって本当に大きな学びとなりました。

●「厳罰化」への道③——厳罰化を有効化する「アニマルポリス」の設置を

今回実現した厳罰化は大きな進展であることに違いありません。しかしながら法改正だけでは動物を虐待や殺傷から守ることは難しいと言わざるを得ません。その法律自体が実効性を持って適正に機能しなければ、いくら罰則が強化されても有名無実化してしまう恐れがあるからです。

後を絶たない動物に対する凶悪な犯罪行為への抑止効果をより高め、厳罰化された法律を有効に運用するには、「動物に対する犯罪を取り締まる」システムづくりが不可欠になります。そして、そのために必要なのが、「アニマルポリス」なのです。今回の法改正に際して行った署名活動も、最初は「厳罰化」と「動物虐待を取り締まる専門機関（アニマルポリス）の設置」をセットで求めるものでした。（戦略的な意味もあって、２回目の署名活動では「厳罰化」１本に絞って実施となりましたが）

アニマルポリスとは、殺傷やずさんな多頭飼育、飼育放棄（ネグレクト）などの動物虐待事案を専門に取り扱う機関。その名のとおり「動物のための警察」のことです。

動物愛護行政の担当部署内もしくは警察内に「アニマルポリス」を創設することで、迅速かつ着実に虐待行為の取り締まりを行うことが可能になり、それが動物への犯罪の抑止にもつながっていきます。

例えばイギリスなら２００年近い歴史を持ち、約１６５０名のスタッフが在籍する世界最大の動物福祉団体「英国王立動物虐待防止協会（ＲＳＰＣＡ）」がそれにあたります。ＲＳＰＣＡには５５０人の「インスペクター」と呼ばれる査察官がいます。査察官は約１年間、獣医学や法学、動物のレスキューなどのスキルを習得し、虐待の通報があると現場に急行して調査。その場では救出できないものの、獣医師から「動物が危険な状態にある」という証明書を発行してもらい、裁判所命令による救出許可が下り次第、警察と現場へ向かって動物を保護します。状況によって告発・告訴もします。飼い主が所有権を盾に「手放さない」と言ったら有罪になっても保護できない日本とは大きく異なります。

また、RSPCAには査察官のほかに法務や科学部門のスタッフも在籍し、各専門チームが一丸となって動物福祉の改善に取り組んでいます。

また、アメリカ・ロサンゼルスにはロス市警や動物管理局の人員で構成された公的なアニマルポリスが存在します。彼らは警察と同じ捜査権や逮捕権などの権限を持ち、虐待されている動物を強制的に保護したり、警告に従わない飼い主を逮捕することもできます。

アメリカにはほかにも、政府からの資金援助と寄付金で運営されている米国動物愛護協会（HSUS）、寄付金のみで運営されている非営利団体の米国動物虐待防止協会（ASPCA）というふたつの動物福祉団体があり、こちらも警察と同じ捜査権や逮捕権を有しています。

オランダでも動物保護に関する指導を受けた警察官がアニマルポリスとしての活動を行っています。

海外では大きな権限を持って動物虐待を取り締まる機関がきちんと機能しています。それが動物福祉の世界基準だと言っていいでしょう。

●「厳罰化」への道④——大阪府でスタートしたアニマルポリスを日本全国へ

私たちＥｖａも以前から「日本にもアニマルポリスの設置が急務」と各方面に訴え続けてきました。そして２０１９年10月、大阪府に待望のアニマルポリスが設置され、すでにその活動がスタートしています。

具体的には大阪府動物虐待通報共通ダイヤル「おおさかアニマルポリス＃７１２２（悩んだら・わん・にゃん・にゃん）」を開設し、大阪府内の動物虐待案件の通報を受け付けて担当職員が相談や調査にあたるというシステム。これによって動物虐待の疑いがある事案の掘り起こしや早期発見、未然防止、改善指導を推し進めていくというものです。

私が2017年より大阪市から「おおさかワンニャン特別大使」を委嘱されているご縁もあり、吉村洋文大阪府知事が大阪市長だった頃から、何度もアニマルポリスの必要性をお話しさせていただきました。あきらめず訴え続けてきたことが、ようやく身を結んだ形となりました。今回の吉村知事の英断には心から敬意を表したいと思います。

最終的には全国規模での普及を目指しているのですが、まずはこの大阪のアニマルポリスをしっかりと機能させ、実効的な活動実績を積み上げていくことが重要になります。

ここがうまく機能していけば、その状況は他の都道府県にも広がっていくでしょう。そうして関心を持ってもらうことで、私たちの要望にも耳を傾けていただくチャンスも増えるし、「導入を検討しようか」という議論のきっかけにもなるでしょう。逆に大阪での活動や運営が上手くいかなければ、導入や設置を検討しようと考えている自治体も「やはり難しい」と及び腰になってしまう恐れもあります。

いずれにせよ今回始まったばかりの大阪のアニマルポリスの活動が、今後の全国レベルでの動物虐待取り締まり体制強化に大きな影響を及ぼすのです。

実は、日本では2014年にも一度、兵庫県で「アニマルポリス・ホットライン」という電話窓口が開設され、動物愛護関連の法律に詳しい警察官が対応して相談に乗るという日本のアニマルポリスの〝元祖〟的な試みがありました。犬猫を殺害する、傷つける、飼育放棄して餌を与えずに衰弱させる、育てられずに遺棄するといった虐待が疑われる場合は管轄署と連絡を取り合い、行政とも連携して飼い主の指導や動物の保護を行う──。そうした活動理念を掲げてスタートしたのですが、結局、しばらくして活動規模も縮小になり、あまり機能しなくなってしまいました。

今回の大阪にしても、スタートしたばかりで理想のシステムができるまでにはまだ時間もかかるでしょう。しかし、こうした過去の〝失敗事例〟なども教訓にして、まず大阪のアニマルポリスが機能するように、私たちが望む仕組みを少しでも早い時期に構築できるように、今後も活動のサポートをしていきたいと思っています。

大阪の開設後、神奈川の黒岩祐治知事、北海度の鈴木直道知事にもアニマルポリスの開設をお願いしてきました。今後も各地で陳情していきたいです。

アニマルポリスについて、私たちは活動への協力はもちろん、活動の監視にも注力する必要があると感じています。私たち民間の人間がより厳しい目で活動現場を見て、監視して、ものを言っていかなければいけないと思うのです。

これまでの活動事例を基に、どんな対応をしたか、事後経過はどうか、継続的な課題は何か、足りないものや必要な設備などがないかなどをチェックする。それで実効性のある対応や活動に支障があるようならば、行政だけに任せるのではなく民間、例えば誠実な活動をしている動物愛護団体さんなどに入ってもらって、そこにもきちんと予算をつけてもらって、という具合に活動環境を整えていく。そのくらいの強力な関わり方をする必要性も感じています。

アニマルポリスは、その仕組みが機能して活動の幅が広がっていけば、いずれ最終的には行政だけでの運営は難しくなっていくというのが私たちの予想です。民間が入って本格的な連携システムをつくらなければ、パンクしてしまうだろうと。行政と民間、やる気のある自治体の職員と誠実な動物愛護団体。そのタッグに警察が連携してくれたら、アニマルポリスは実効性を持って機能すると思うのです。

行政主導か民間主導かといった権限の在り処や縄張り争いなど、動物たちには何の関係もありません。いちばん大事なのは、虐待的な環境で苦しんでいる動物たちを迅速、確実に救うために何ができるか、何をすべきか、です。

厳罰化を確実に実効化して動物を救うために、どこまでも動物ファーストで活動するアニマルポリスを全国で機能させる。そのためにやらなければならないことは、まだまだ山積しています。

●「数値規制」の意義――明確な基準制定が厳罰化の実効性を後押しする

改正後

飼養又は管理に関する基準を具体的に定める
・飼養施設の構造や規模　・従業員の数　・環境の管理　・疾病への措置
・展示又は輸送の方法　・繁殖の回数、方法
※２０１８年３月から環境省の審議会で検討
※施行は２年後

今回、実現した厳罰化は、動物への虐待行為に対する大きな抑止力となることが期待されます。アニマルポリスの設置など、虐待取り締まり強化の気運が高まれば、より抑止力はアップするでしょう。

ここでもうひとつ考えなければならないのが、動物でビジネスをして動物でお金儲けをするペット業界の裏側に蔓延している〝隠れた〟虐待行為への規制強化です。

お金儲けのためだけに工業製品のように動物を大量繁殖させる「パピーミル」と呼ばれる悪質な繁殖業者。高値で売らんがために幼齢期の犬猫を大量仕入れし、売れ残ったらバックヤードに放置する利益第一主義のペットショップ。そうした悪質なペット業者のもとで飼育・管理されている動物たちは、劣悪な環境のなかでまさに〝生き地獄〟のような日々を送っています。

そんな動物たちを救うためには、繁殖業者や販売業者に対しての徹底した厳しい規制を設けることが重要になります。

改正前の動物愛護法にも、動物取扱業者が遵守すべき動物の管理方法として、飼育施設や繁殖回数、最大飼育頭数などに関する規定があることはありました。

ただそれは、例えば、

「個々の動物が自然な姿勢で立ち上がる、横たわる、羽ばたく等の日常的な動作を容易に行うための十分な広さ及び空間を有するものとすること」

「ケージ等に入れる動物の種類及び数は、ケージ等の構造及び規模に見合ったものとすること」

「動物を繁殖させる場合には、みだりに繁殖させることにより母体に過度な負担がかかることを避け、その繁殖の回数を適切なものとし、必要に応じ繁殖を制限するための措置を講じること」

といった抽象的な表現に留まり、サイズや人数、繁殖回数なども「これに達していなければ違反」「これを超えたらアウト」といった具体的な数値の記載はなかったのです。

そのため業者から曖昧にごまかされると行政側も判断に迷い、堂々と「法律違反です」と指摘できず、適正に取り締まれない。結果として悪質な業者が絶えないというのが実情でした。

事実、２０１８年に福井県坂井市で告発された悪質な繁殖業者、パピーミルの悲惨な状況を見ても、福井県の行政の管轄部署では「問題ない」と判断していたのです。

具体的なガイドラインが存在しないため、業者から「ウチは適正に管理している」と言い張られたら、行政側にはそれを否定するための材料がありません。だからそのまま押し切られてしまうわけです。

誰の目にもわかるほどの劣悪な業者をきちんと指導できていない行政の責任が重いのはもちろんですが、一方ではこうした悪質な業者を効果的に指導、改善させるために、動物の状態を考慮した快適な飼育条件を具体的に明確化することも求められていました。

そこで今回の法改正では、飼育施設の広さや従業員1人あたりの上限飼育数、繁殖業者ならば繁殖回数や飼育頭数など動物取扱業者が遵守すべき項目について、環境省令によって〝明確で具体的な数値、ガイドライン〟を制定することが決定したのです。

数値という客観的な遵守基準があれば、違反かどうかも一目瞭然。処分の根拠も明確になり、立ち入り調査や改善勧告、業務停止命令などの行政指導も適正に行えるようになります。

さらに施設の規模や構造などに厳しい数値規制ができれば、業者はそれをクリアするために多くの設備投資を迫られることになり、結果として悪質な業者の淘汰にもつながっていくでしょう。ときには刑事事件として告訴し、厳罰を適用することも可能になります。

ヨーロッパの動物福祉先進国では、すでにこうした数値規制が行われています。例えば、ドイツでは犬の飼養施設（犬舎）のスペースについて、

「体高50㎝未満の犬なら最小床面積は６平方メートル、50㎝以上65㎝未満なら８平方メートル、65㎝以上なら10平方メートル」。

「犬舎の各辺の長さは少なくとも犬の体長の２倍で、どの辺も２メートル以上」

「母犬と子犬が一緒に入る場合は床面積を５割増しに」

「１週間のうち少なくとも５日間犬舎の外で大部分を過ごす犬の場合は上記規定が免除されるが、最低６平方メートルが必要」

など、ガイドラインとなる事細かな数値基準が定められています。

スペースに限らず、温度や臭気、音、明るさ、食事、水などの提供物、ケアや散歩、妊娠可能月齢や出産回数、社会的環境、飼育担当者の要件や飼育担当者１人当たりの飼

養頭数の上限、移動、管理・繋留――多岐にわたって細かな数値が決められています。イギリスやフランスなどでも具体的な数値は異なれども、同様な数値が決められているのです。遅ればせながら、今回の法改正でようやく日本も少しだけ〝世界基準〟に近づけるのかもしれません。

●「数値規制」の課題①――数値を決める審議会のメンバーは適正か？

動物取扱業者に対する遵守基準を具体化する「数値規制」が盛り込まれたことは、確かに今回の法改正で評価できる点のひとつと言えます。

しかし、だからといって手放しで喜んではいられません。この数値規制は「これから」がいちばん重要になるからです。

今回盛り込まれたのは、何に対して規制を設けるかという対象項目と、その規制の内容を「環境省令で具体的に明示する」ということ。つまり、この改正法の条文に具体的な数値が示されたわけではありません。数値規制に関しての施行は2年後とされているため、具体的にどのような数値にするかは、今後2年かけて環境省の「動物の適正な飼養管理方法等に関する検討会」で決めていくことになっているのです。

　この検討会は法改正に先立って２０１８年に立ち上げられ、すでに何回か検討委員会が開催されています。

　各方面から招集された検討委員が集まって数値に関する議論をしているのですが、実は、私たちＥｖａはこの検討委員会に対して少なからぬ不安を抱いています。動物福祉を最優先にした検討会になっているのか、決められる数値が業者寄りのものになりはしないか、最終的には体裁だけ整えられて骨抜きにされはしないか、と。

　というのも、検討委員会の委員構成に疑問を持っているからです。招集されているのは大学教授や弁護士といった人たちばかり。果たして彼らは、悪質なペットショップや繁殖業者の裏の実態を知っているのか。動物たちが強いられている虐待的飼育環境の現場をその目で見たことがあるのか。具体的な数値規制がないから取り締まれないという現場行政職員の歯がゆい思いを知っているのか。その胸に「動物を救うために、何としても厳しい数値規制を設けなければ」という〝志〟はあるのか──。そう考えたとき、やはり検討委員の選考基準には大きな疑問を感じ得ません。

本来ならば、動物問題の現場に立ち続け、劣悪な環境の実態をいちばん知っているはずの良識ある動物愛護団体に声がかかって然るべきでしょう。そうでなければ、実態に即した実効性のある数値規制など設定できるはずもありません。でもそうした現場を知る人たちは、発言権のない傍聴人という立場でしか参加できないのです。

私たちＥｖａも毎回傍聴していますが、そこで行われている検討委員会の〝緩さ〟というか〝軽さ〟にはがっかりさせられています。活発な意見交換がされるわけでもなく、ときに動物をネタに笑いまで起きている。でも動物にとっては笑い事ではありません。生きるか死ぬか、命が懸かった大問題なのです。

数値規制の必要性をわかっているとは思えない〝お役所仕事〟で、しかもあと2年で、適正な基準が決められるのか。検討委員会を傍聴するたびに不安に襲われています。

●「数値規制」の課題②――本当に〝動物ファースト〟の規制になるのか？

飼養環境の数値規制を決める環境省検討委員会のメンバーに、リアルな現場を知る動物愛護団体などは呼ばれず、現場を知らない学者や役人で占められている――。もちろん問題視すべきことなのですが、なぜそんな人選になったのかについてはある程度の想像はつきます。ひと言で言えば「ペット産業への配慮」でしょう。

今回の法改正で求められている数値規制が本当に適正なものになると、いちばん影響を受けるのは当然、ペット業界です。しかし日本のペット産業は今や１兆５０００億円を超えるほど巨大な市場規模に成長しています。そこで生まれる経済効果は当然、日本経済にも大きく貢献していることは想像に難くありません。

それゆえ業界へのマイナス影響に配慮して、意図的に〝あまりペット業界に厳しい意見を言わない人〟が集められているのではないか――。検討委員会の様子を見ていると、そんな勘繰りもしたくなります。そうでなければ、「具体的な基準を厳格にしすぎると、動物の価格が上昇する可能性がある。基準が厳しくなることで対応できない事業者が廃業したり、それによって動物が放置されたりする恐れもある」といった的外れな発言が平然と出てくるはずがないのですから。

今回の法改正に盛り込まれた「具体的な数値規制」とは、悪質なペット業者のもとで適正な行政指導も入らずに放置されている動物の命と健康を守るという動物福祉の理念を実現するための遵守基準です。行政による適正かつ迅速な指導を可能にして、悪質な業者を取り締まるための基準です。業者ではなく動物を守るためのものなのです。

にもかかわらず、なぜ真っ先にペット業者の都合を気にするのでしょうか。「動物ファースト」で議論をするべき場で、なぜ最初に業界への影響を考えるのでしょうか。

何のために法律に数値規制が盛り込まれ、何のためにこの検討委員会が設けられているのか。そもそもの意味を理解していない委員だけで議論したところで、現場の実態とは大きく乖離した「業界ファースト」の省令にしかなり得ないのではないか。私たちは、そのことを強く危惧しているのです。

現場も知らない、決めるべき省令の本来の意味も知らない。そんな人たちだけが集まって〝ペット業界ありき〟の発想で骨抜きにされてしまったら、法改正に数値規制を盛り込んだことが無意味になってしまいます。それは何としても避けなければなりません。

学者や大学教授といった有識者の方の意見ももちろん必要です。しかし、検討委員の半分は現場を知っている動物愛護団体の人たちを呼ぶべきです。実際に動物たちに向き合った経験や知識がしっかり反映されてこそ、本当の意味で動物のための数値規制が実現するのだと、私は考えます。

●「8週齢規制」の真実①――今回も〝完全なる規制〟は実現せず

改正後
生後56日（8週齢）未満の犬猫の販売禁止
《例外規定あり》
・天然記念物に指定されている日本犬（柴犬、秋田犬、紀州犬、甲斐犬、北海道犬、四国犬）を専門に繁殖する業者が直接一般飼い主に販売する場合は生後49日（7週）を超えればよい
※施行は2年後

今回の法改正で、「生後56日（8週齢）を経過しない犬猫の販売が禁止」になりました。これがメディアでも話題に上っていた「8週齢規制」です。ただしこの規制は今回

初めて議論されたことではありません。改正前の動物愛護法にも、

「犬猫等販売業者（販売の用に供する犬又は猫の繁殖を行う者に限る。）は、その繁殖を行った犬又は猫であって出生後五十六日を経過しないものについて、販売のため又は販売の用に供するために引渡し又は展示をしてはならない。」（第二十二条の五）

とあったように、すでに生後56日以内の販売は法律で禁止されていたのです。しかし、その条文はあるトリックによって〝骨抜き〟にされました。なぜなら、

なお、「56日」について、施行後3年間は「45日」と、その後別に法律で定める日までの間は「49日」と読み替える（附則第七条）

という訳のわからない「附則」が存在したからです。そのため、せっかく56日と明文化しながら、最初の3年間は45日以降なら販売ＯＫ。さらに「その後別に法律で定める

まで＝次の法改正まで」と解釈すれば、4年目からはずっと49日を超えれば販売OKということになります。これでは、条文の「56日」などまったく意味を持ちません。「56日」を「45日」「49日」に〝読み替える〟という強引な手法で、8週齢規制は有名無実化されてしまったのです。

なぜそんなことが起きたのか。理由は簡単。犬も猫も、少しでも幼くて体が小さいほうが人気もあって高く売れるからに他なりません。

しかし、犬は3～12週、猫は2～7週が、社会化にとってもっとも大事な時期だと言われています。そのため、生まれて間もない感受性の非常に強い時期に強制的に母親から引き離されると、子犬子猫は不安やストレスによって問題行動を起こしやすくなったり、免疫力が下がって感染症のリスクが高まったりと、後の性格形成や健康面に甚大なマイナス影響を受けてしまいます。

だからこそ販売目的とはいえ、少なくとも生後8週齢までは母犬（猫）と一緒の生活をさせるべき——これは動物を人間と同じ〝命ある生き物〟と考えれば至極当然の発想でしょう。実際、生後8週齢に満たない子犬や子猫の販売禁止は、多くの先進国では当たり前の基準となっています。

しかし、日本は違います。ペット業界の「利益」を最優先するために、そこから生まれるであろう利権を確保するために、せっかくの法律に強引で理解不能な附則をつけてまで、できる限り小さいうちに子犬子猫を市場に引き出して売ってしまおうと考える。それがこの国のペットビジネスの現実なのです。

そうした背景があったため、私たちは前回の法改正時からずっと、附則によるカラクリをなくして条文にある『56日以内は禁止』という規制を、例外なく確実に実効化させるべく取り組んできました。

そして今回の法改正では7年越しでようやくその「附則」が削除され、晴れて「生後56日以内は販売禁止」となったのです。——そうなったはずでした。

ところが、今回の8週齢規制にもまた正当な理由なき「附則」が盛り込まれてしまいました。以下がその附則にあたる条文です。

専ら文化財保護法の規定により天然記念物として指定された犬の繁殖を行う犬猫等販売業者が、犬猫等販売業者以外の者にその犬を販売する場合について、出生後五十六日を経過しない犬の販売等の制限の特例を設けること。（附則第二項関係）

ここでいう「天然記念物に指定されている犬」とは日本犬6種（柴犬、秋田犬、紀州犬、甲斐犬、北海道犬、四国犬）のこと。つまり、天然記念物に指定されている日本犬を専門に繁殖している業者が一般飼い主に直接販売する場合は、これまで通り49日を超えればよい、ということになります。今回も〝完全なる8週齢規制〟は実現できず、またもや例外が設けられてしまったのです。

●「8週齢規制」の真実②——押し切られた「正当な理由なき除外規定」

日本犬6種については8週齢規制から除外する——私たちが超党派議連から、この除外規定の存在を知らされたのは2019年5月22日。改正案がほぼ固まり、議連の総会で「改正案の報告と承認」を行っていたときのことです。翌週には衆議院の環境委員会に上げられるという、法改正の可決に向けての土壇場のタイミングでした。

今回取りまとめた改正案における8週齢規制に対して、公益社団法人「日本犬保存会」（会長・岸信夫衆議院議員＝自民党）と同「秋田犬保存会」（会長・遠藤敬衆議院議員＝日本維新の会）から日本犬6種については規制の対象外にするよう最後の最後にねじ込まれ、超党派議連がそれを受け入れたというのです。

あまりにも突然のことで、ただただ呆気にとられるばかり。〝寝耳に水〟とはこのことです。超党派議連プロジェクトチームでも、これまでの会議でそんな議題が挙がったことさえなかったのですから。

しかし超党派議連におけるＥｖａは、あくまでもアドバイザーという立場でしかありません。私たちが何も知らない裏側で超党派議連とふたつの「保存会」とが協議を重ねていたということ。そこで除外規定を盛り込むという話がついていたのです。

そもそも、なぜ「日本犬」が除外されるのか。そこに正当な理由は見当たりません。

「日本犬は親離れが早く、早めに人間と一緒に暮らしたほうが精神も安定する」

「日本犬は繁殖業者からの直接購入がほとんど。ペットショップで販売される犬とは分けて考えるべき」

「日本犬が飼育放棄や捨て犬、殺処分に至ることは少ない」

といった意見があるとも聞きました。しかしどれも生物学的根拠に乏しく、統計データとの整合性もないおかしな理由ばかり。逆に考えれば、むしろ天然記念物であればなおのこと、８週齢規制で貴重な種を守るべきなのではないでしょうか。

結局のところ、消費者に人気のある日本犬を小さくてかわいい幼齢期のうちに販売したいというのが本音だと考えざるを得ません。


Ｅｖａからも除外規定の撤回を求める要望書を出しましたが、あまりに急すぎる事態だったため、残念ながら何ら有効な手立てを取ることができませんでした。

また、このギリギリのタイミングで撤回活動を起こそうものなら、今回の動物愛護法の改正そのものがストップしてしまうリスクもありました。動物愛護法は議員立法であり、議員立法で提出する法案は全会一致が基本となっています。そのため、「ここでゴネるなら改正案など提出しなくてもいい」などと一人でも反対者が出ると、これまでの活動のすべてが水泡に帰してしまう恐れがあったのです。ここが議員立法の難しいところと言えるでしょう。

今にして思えば、この除外規定は、あえてこうした土壇場でねじ込まれたのかもしれません。百戦錬磨の強者たちに議員立法を逆手に取られ、土俵際で巧みに〝うっちゃられた〟という感じでした。

結局、除外規定を含んだ改正案によって衆参両院の本会議で可決され、そのまま6月12日に改正動物愛護法は成立の日を迎えたのです。

こうした経緯もあって、8週齢規制については今後に大きな課題を残すことになってしまいました。この理由なき除外規定をどうやって撤廃させるか。すべての犬猫の心と身体を守るために、どうやって例外のない8週齢規制を実現させるか。その取り組みはこれから先も続いていきます。

●マイクロチップ義務化の課題①──トレーサビリティを確保できるか？

改正後

・犬猫の販売業者（ブリーダー・ショップなど）は義務
・犬または猫を取得した日（生後90日以内の犬猫を取得した場合は、生後90日を経過した日）から30日を経過する日までに装着
・装着後30日以内に登録、変更した場合は変更届をすること
※犬猫の販売業者以外は努力義務
※施行は３年後

直径約２ミリ、長さ約12ミリという小さな円筒形のマイクロチップ（識別用集積回路）を注射器で犬猫の体内に埋め込み、そこに記録された15桁のＩＤ番号を読み取ることで所有者情報を照合する──。今回の法改正の目玉のひとつとして注目されていたのが、販売用の犬猫へのマイクロチップ装着の義務化です。

販売用の犬猫へのマイクロチップの装着については、前回の改正法（２０１３年）の附則で「この法律の施行後五年を目途としてマイクロチップ装着の義務化を検討し、必要な措置を講ずる」とされていました。

それを受ける形で今回、繁殖業や販売業に対して「犬又は猫を取得したときは取得日から30日以内にマイクロチップを装着し、環境大臣の登録を受けなければならない」という装着と登録の義務化が明記されたのです。

ただし義務化はあくまでも「動物取扱業者」が対象。法改正前から飼育しているという一般の飼い主さんにまでは適用されません。マイクロチップが装着された犬猫を購入した飼い主はチップに書き込まれた情報の変更を届け出る義務が生じますが、前から飼っているという人に対しては、「装着・登録するように努める」という努力義務が課されるに留まっています。

マイクロチップ装着と登録には次の２つの目的があります。

ひとつは「所有者明示」のため。マイクロチップはいわば、犬や猫などの動物の所有者（飼い主）が「自分の所有であること」を示す身元証明書のようなもの。例えば、地震や台風などの災害で逸走しても、マイクロチップのＩＤ番号をデータベースと照合すれば戻ってくる確率が高くなるというメリットがあります。

また、書き込まれたＩＤ情報から飼い主をすぐに特定できるため、飼育放棄による安易な遺棄の抑止効果も期待できます。

もうひとつの目的は「トレーサビリティ」にあります。ここでいうトレーサビリティとは「個体（犬猫）の繁殖元や流通過程、流通履歴を明確に記録・確認・追跡できる仕組み」のこと。繁殖業者↓オークション業者↓ペットショップ↓飼い主と「所有者」が変わるたびにマイクロチップの登録情報が蓄積されれば、その情報をチェックすることで、その個体がどういう流通経路を経てきたのかが一目瞭然となるわけです。

所有者明示ももちろん大事ですが、それ以上に私たちが重要視しているのが、今回のマイクロチップ装着義務化によって確保される個体のトレーサビリティなのです。

その理由のひとつは、遺伝性疾患を持ったペットの繁殖と流通の防止につながるからです。ペット産業には、遺伝性疾患を有する、あるいは遺伝性疾患のリスクが高いとわかっていながら繁殖・販売されるペットが後を絶たないという問題も存在します。

犬や猫の遺伝性疾患は、産まれてすぐには判別がつきにくく、疾患の疑いを見極められないケースも少なくありません。そのため、大量に売りたいがために、遺伝子疾患を有している、あるいは疾患リスクが高いと知っていながら、わざと繁殖させてしまう悪質な繁殖業者も存在します。

そうした繁殖業者からペットオークションを経由して、ペットショップへと遺伝性疾患のあるペットが流通していった結果、何も知らない飼い主がペットショップから犬猫を迎えたら、すぐに発症してしまったというトラブルも少なくありません。

そうした場合でも、その個体のマイクロチップに登録された流通履歴をさかのぼれば、「遺伝性疾患を知っていながら繁殖させた業者」、「そんなずさんな繁殖を平気で行う業者を受け入れるペットオークション業者」、「そのオークションから個体を仕入れて販売するペットショップ」などを特定し、適正な指導を行うことが可能になります。

また、犬猫を購入しようとする飼い主を守るという意味合いもあります。ペットとして迎えた後に発症してしまった場合、一緒に暮らす飼い主も、家族ともいえる犬猫の治療のために医療費をかけたり介護をしたりと、金銭的にも精神的にも大きな負担を強いられることになるからです。もちろん、疾患を持って生まれ、発症してしまうのは犬猫にとっても辛いことでしょう。

遺伝性疾患のある動物の流通を防ぐため、そして消費者保護のためにも、マイクロチップによるトレーサビリティの確保は非常に重要なのです。

●マイクロチップ義務化の課題②──有名無実化しない制度設計こそ重要

法改正でペット業者へのマイクロチップの装着と登録が義務付けられたことで、これまで難しかった個体のトレーサビリティの確保が〝理論上は〟可能になりました。

しかしここで懸念されるのは、やはりそこに「実効性があるか」ということ。「ただ装着して、形だけ登録すればいい」となってしまっては何の意味もありません。そのトレーサビリティをきちんとシステム化して管理・運用できるか、その制度設計が大きな問題になるのです。

現在、動物ＩＤ普及推進会議（ＡＩＰＯ）や一般社団法人ジャパンケネルクラブなど複数の機関が飼い主の登録データを管理しています。しかし〝ペット大国〟と言われるほど多くの動物が流通している日本のことですから、管理すべきデータはより膨大になっていくのは明白です。

今後、実効性のある運用と適正な管理体制を考えたとき、それが適正なのか、一元化するべきなのか、といった議論も当然出てくるでしょう。さらに一元化するならどの管理機関が担当すべきなのか。これまで別の機関がそれぞれに管理していたデータをどう受け継ぎ、どうやって新たなデータベースを構築するのか、という課題もあります。

また現在、マイクロチップ装着後に管理機関に申請してからＩＤ登録が完了するまで２カ月近くかかっています。装着・申請から登録までに大きなタイムラグがあるわけです。

でもペット流通の現場では、動物たちは早ければ１〜２日の間に、繁殖業者→ペットオークション会場→ペットショップと移動してしまいます。流通に関わった業者は個体が移動するたびに情報を追加登録しなければなりません。

これまで２カ月近くかかっていた登録作業が、この流通スピードに対応できるのか。

もちろん今はＩＴ時代。ＰＯＳのような流通管理システムを導入すればできないことはありません。十分に可能でしょう。しかしそうなると今度は、そのための予算を確保できるのかという問題も出てくるのです。

さらに、そもそもこれまでザルのような規制のなかで好き勝手に儲けていた悪質な業者たちに義務化を徹底できるのかという根本的な問題も当然あります。漏れや不正をどう監視し、どう防ぐのか、その手立ても必要になってくるでしょう。

つまり、マイクロチップの装着・登録義務を決めたのはいいけれど、具体的な管理・運用に関してはすべてが「これから」ということなのです。マイクロチップ義務化の施行が「公布から3年以内」とされたのは、適正な管理運用のためには相応の準備期間が必要だからに他なりません。でも、本当にたった3年ですべてのシステム構築が可能なのか、そこには大きな疑問があると言わざるを得ません。

そもそもマイクロチップの義務化は議連でも重要課題ではなく、議論されてきませんでした。そこに、よくわかっていない国会議員の人たちがマイクロチップの議連をつくってねじ込んできたのです。こうした利権が絡んでくる議題については、中身が伴わなくてもスピーディに進むのだと印象を持ちました。そこで私たちは、「装着を義務化」するのなら「トレーサビリティーを確保してほしい」と訴えてきたのです。

法律はきちんと運用してこそ意味を持つものです。だからこそ、私たちは今後3年かけて行われる制度設計についてしっかりと注視していく必要があるのです。

第3章

「かわいい」の向こう側に巣食う闇
――そこに命の尊厳はあるか

1．いまだ終わらないペットショップでの悲劇

●〝小さな命〟が苦痛と恐怖に怯えている

今や1兆5000億円を上回るという大規模な市場にまで成長したペットビジネス、ペット産業。それを支えているのは、利益を出すためなら動物を〝モノ扱い〟して販売してもかまわないという「利益第一主義」の発想と、「動物＝お金を生む商品」としか考えない大量生産・大量流通・大量販売というビジネスモデルです。

しかし決して忘れてはいけないのは、ペット業界の利益のために、すべての犠牲を背負わされ、苦痛を強いられ、命を危険にさらされているのは、もの言わぬ動物たちだけ、ということです。

動物愛護活動を始めて以来、私は常にこう考え、訴えてきました。

命の店頭販売はいりません。ペットの生体展示販売はいりません――。

劣悪なペットショップをはじめとする、命の尊厳を無視して利益追求に走る悪質なペット業者の存在がなくならなければ、この国の犬や猫に本当の幸せな日々は訪れないと確信しているからです。

前著『それでも命を買いますか?』では一人でも多くの人に悪質なペットショップの裏側にある、あまりに残酷な現実を知っていただくために、その実態を指摘し、改善と根絶を訴えました。

しかし、ここまで大きく成長したペットビジネスにメスを入れ、その構造を抜本的に変えるのはそう簡単なことではありません。実際、大量生産・大量流通という産業構造は揺らぐこともなく、むしろペットショップは、個人経営による「少数仕入れ・少数販売」から、大企業による「大量仕入れ・大量販売」へとシフトしてきています。

大手ペットショップはチェーン展開で事業規模を広げ、日本全国で新規のショップが次々にオープンし、いまだにその店頭では尊い命に値段がつけられて販売されています。

そして、それはすなわち、ペットショップで展示され販売されている動物たちの、苦痛に耐え、命を失う恐怖に怯える日々がいまだに続いているということでもあるのです。

ここでは「命の大量生産」の受け皿であり、「命の大量流通・大量販売」の舞台でもあるペットショップを軸に、ペットビジネスの裏に存在する残虐な実態とそこに渦巻く負のスパイラルについて述べようと思います。

もちろん、ペットショップで買う消費者が「悪」ということではありません。実態を知らずにペットショップで購入した方々を責めたり、批判したりする気持ちは微塵もありません。

ペットショップから迎えた動物たちを大切な家族として、惜しみない愛情を注ぎ、終生に大切に飼養している飼い主の方々には心から共感しますし、その慈愛に最大限の敬意を表したいと思っています。

だからこそ、そうした動物への愛情あふれる方々にこそ、知ってほしいのです。

ペットショップの華やかなショーケースの、壁一枚隔てた向こう側には、どんな闇が存在しているのか。かわいい子犬や子猫はどこからきて、どんな扱いを受けて、どこへ行くのか――。その事実を知ることが、「命の店頭販売」から動物たちを救うことにつながっていきます。

●この子たちは、どこから来たのか①――工業製品のごとく生産される〝命〟

ペットショップで販売されている子犬や子猫は、いったいどこで生まれ、どういうルートで連れてこられたのでしょうか。母親や父親はどこにいるのでしょうか。

ペットショップの子犬や子猫のほとんどは「繁殖業者の施設で産まれ、ペットオークションを介して、ショップに仕入れられる」というプロセスを経て、ショーケースのなかにやってきます。

ここで最初に注目すべき〝闇〟がブリーダーとも呼ばれる「繁殖業者」です。

ブリーダーとは、動物の交配や繁殖、育成を生業にしている人のこと。『この種がほしい』という個々のオーダーに合わせ、１匹ごとに愛情を持って繁殖させるのが本来の仕事です。動物を愛し、その種に惚れ込み、元気で健康な命の誕生を願って、種の維持という大役を担う。それが本来あるべきブリーダーの姿です。

ここで、あえて「本来」と強調したのは、そんな愛情あふれるブリーダーばかりではないからです。現実には、すべてにおいて利益が最優先、大量に売るために、何十頭もの多頭飼育をし、無秩序に大量繁殖を行う――ブリーダーとは名ばかりの『パピーミル(子犬生産工場)』と呼ばれる悪質な繁殖業者が数多く存在しています。

親犬・親猫たちは狭くて薄暗いケージに閉じ込められ、糞尿もそのままの劣悪な衛生環境のなかで、健康管理もされず、ただひたすら子どもを産み続けます。いえ、〝産まされ続ける〟のです。業者にとって親犬・親猫は単なる〝子を産む道具〟でしかありません。自然な繁殖サイクルなど無視され、機械で工業製品を大量生産するように次々に繁殖を強いられる。その日々はまさに〝生き地獄〟としか言いようがありません。

そうした状況を強要される母体が健康を維持できるはずもありません。やがて病気になり体はボロボロになり、衰弱して子どもが産めなくなる日が来ます。するとどうなるか。「もう用済み」とばかり飼育放棄され、遺棄などの方法で処分されます。要するに、産めなくなったら使い捨てするということです。

さらに、生まれた子犬や子猫に障害があったり、先天的な病気にかかっていたり、何らかの理由で外見に問題があったりすると、「商品にならない不良品」として、生後すぐに処分されるケースも珍しくないと言います。

子犬や子猫を、まるでモノのように大量生産するために、親に虐待と変わらない残酷な仕打ちで無理やり繁殖させる。満足に面倒も見ずに、病気になっても治療もせずに、産ませるだけ産ませ、産めなくなったら用済み——。ペットショップでの生体展示販売は、こうした悲惨な現実によって、使い捨てにされる動物たちの命の犠牲によって、成り立っているのです。

●この子たちは、どこから来たのか②——命をセリにかける「オークション」

繁殖業者のもとで〝大量生産〟された子犬や子猫は、「ペットオークション」と言われるセリ市に出品され、そこでペットショップのバイヤーたちの入札にかけられます。

日本全国に約20カ所あるペットオークション業者を経由してショップに卸されるのがペット業界の主流になっています。

例えば全国に数十店舗を展開しているような大規模チェーンなどの場合、年間で何千頭という子犬や子猫の仕入れが必要になるため、個人のブリーダーから丁寧に一頭一頭仕入れていたのでは経営が成り立ちません。そこで一気に、大量に仕入れられるオークションが不可欠になったのです。

ただ、この流通システムにも大きな問題があります。

ひとつは悪質な繁殖業者の温床になっているという点です。オークションという受け皿があることで、需要など考えず、無計画に、大量に繁殖させてもその分だけお金になるのですから。

また、動物の健康上も問題が少なくありません。

オークションに出品するため、子犬や子猫は生後1カ月ちょっとの幼齢な離乳時期に、親から引き離されます。前述したように、本来、子犬や子猫にとって生まれてから数週間は、親兄弟と触れ合うことで性格付けや精神の安定といった「社会化」を図る非常に重要な時期。その大事な時期に親から引き離されてしまうため、コミュニケーションを学ぶ機会を失い、後に問題行動を起こすリスクも高まってしまうのです。

さらに幼齢期ゆえに免疫力が低く、伝染性疾患にもかかりやすくなります。オークションで大勢の人に囲まれるという慣れない環境下に引き出される精神的ストレスも計り知れません。

いいえ、そもそも、「高く売れるか、売れないか」だけを基準にして命を値付けする、動物をセリにかけるという行為自体がどうかしているのです。

このように問題の多いペットオークションが、なぜ堂々と行われているのでしょうか。なぜ、このシステムが流通の主流になっているのでしょうか。それは、ペットオークションが法律で認められているからです。

動物愛護法において、ペットオークションを行う業者は、「競りあっせん業者（登録を受けて動物の売買をしようとする者のあっせんを会場を設けて競りの方法により行うことを業として営む者をいう）」という、登録制による第一種動物取扱業者になります。つまり、ペットを商業用に扱う業者として認められているのです。

「大量生産する繁殖業者」と「大量販売するペットショップ」の橋渡しをする――それ

がペットオークションという仕組みなのです。

●この子たちは、どう扱われているのか——ショーケースの向こう側の「悲劇」

モノのように生産され、オークションを介してペットショップに仕入れられてきた子犬や子猫たち。この子たちはペットショップでどんな〝暮らし〟をしているのでしょうか。

心やさしい、愛情にあふれた飼い主と出会い、その人のもとで末永く共に暮らす子たちももちろんいます。しかし、そうした理想的な飼い主のもとに迎えられる幸せな子はほんのひと握り。その子は奇跡的に命拾いをしたとも言えます。

では、圧倒的多数の売れなかった子はどうなるのでしょうか。店頭で売れ残ったり、体調を崩して病気になったりして表舞台であるショーケースから出された子たちは、どんな扱いを受けているのでしょうか。

Ｅｖａには全国の〝元ペットショップの店員〟だった人たちから、店のバックヤードの〝惨状〟について数多くの証言や告発が寄せられています。

そこは動物たちにとって〝生き地獄〟だったと——。

例えば——。

全国にチェーン展開している某有名ペットショップでは、バックヤードに犬猫が常時40〜50匹、身動きさえできない狭くて小さいキャリーケースや段ボールに入れられ、二段、三段と積み上げられていたといいます。

ケースのなかは糞尿まみれで、常に異臭が漂うなど衛生状態も最悪。餌も1日1回のみで、おしっこの回数を減らすために水もほとんど飲ませない。そんな状態で5年近くも放置されていた犬もいたのだとか。

例えば——。

別の地方都市のショップは、バックヤードの不衛生さが尋常ではなかったそうです。ペットフードを保存しているバケツ、それを与える食器、犬や猫が使う毛布が溜まっている洗濯物などがゴキブリの住み処になっており、あちこちにフンがこびりついたままというありさまだったとか。

例えば――。

〝新商品〟としてオークションから入荷してきた犬猫でも、ショーケースに空きが出るまで、居場所はバックヤードだったそうです。でも、運搬用の小さいダンボール（呼吸ができるように複数の小穴を開けただけの狭いもの）に入れられたまま、店に着いても「スペースがないから」という理由で箱から出してもらえず、そのままずっと放置されていたのだとか。

そんな劣悪な環境下に放置されていれば、犬猫の間に病気が蔓延することは想像に難くありません。事実、

「吐血や血便はしょっちゅう」

「病気になっても犬猫病院にも連れて行かず、獣医師を呼ぶこともしない」

「医療知識のない店員が、〝経営者の指示で〟店の常備薬を与えるだけ」

「入荷した翌日に亡くなる子も少なくない」

「脳疾患が見つかった子猫が、治療もしてもらえずに1年間放置されて亡くなった」といった証言は枚挙にいとまがありません。

店に入荷されてきた当初は元気でも、バックヤードで過ごす間にストレスや苦痛で下痢をしたり皮膚病になったりと、みんな体調を崩していくのだといいます。「ウチのお店には、心身共に健康な子なんてほぼいなかった」という声さえありました。

そうしたペットショップの実態は、そこで働くスタッフの心をも蝕んでいきます。本当に動物が好きで、動物のための仕事がしたくてペットショップを選んだのに、その実態にショックを受け、嫌悪感と絶望感に耐え切れずに辞めていく人も少なくありません。

そうした人たちのなかには、目の当たりにした動物たちの生き地獄の光景が脳裏から離れず、トラウマのようになってしまう人もいます。また、1匹1匹ていねいにケアしてあげたいのに、人手不足と過重労働で手が回らない。結果として動物をひどい環境から救えずに、ときには、その命を見送らなければならない。そうした状況に心身共に疲弊し、また何もできない自分の無力さを責めて、精神的に追い込まれてしまうケースも決して珍しくありません。

仕入れた命、売れ残った命を、いずれもモノ同然に見なし、売れない命は〝死なぬように生きぬように〟放置し、弱って死ぬのを待つかのごとく処分する。そこで働くスタッフの心をも蝕む残酷な光景は、まさに生き地獄そのものと言えます。

「かわいい」の歓声が飛び交う華やかなショーケースの向こう側で、もの言わぬ動物や心ある人々が、大切なものを傷つけられ、奪われていく。これがペットショップでの生体展示販売の裏側に潜むひとつの現実なのです。

●この子たちは、どこへ行くのか――〝余剰在庫〟の回収需要に応える「引き取り屋」

大量生産・大量流通というビジネスには、どうしても在庫過多や消費期限切れ、不良品がついて回ります。そしてそれは、命が商品にされているペット業界でも同じです。

いくら世の中がペットブームでも、いくらペットショップが人気でも、仕入れた犬猫がすべて売れる、すべて心ある消費者に迎えられることは、そうそうありません。

犬や猫の〝商品としての旬〟は生後45日くらいの幼齢期。小さくてかわいらしい姿は消費者からの人気もあり、高い値段で販売できます。そして体が大きくなるにつれて商品価値は下がっていきます。つまり〝命の消費期限〟は生まれて数週間という、非常に短い期間なのです。

そのため、ペットショップは次々に新しい幼齢期の子犬や子猫を仕入れて、かわいい子たちをそろえようとします。ショーケースを〝旬の商品〟で埋めておくことで、消費者の購買意欲を高めようとするわけです。

その結果、大きくなって商品価値が下がってしまった犬や猫はショーケースから弾き出されます。彼らは〝セール品〟として叩き売られ、それでも売れ残ったら不要の余剰在庫として廃棄処分されることになります。また繁殖業者でも、繁殖させすぎて子どもを産めなくなったら、また産まれた犬が病気を持っていたら、「売れないから不要」となって、やはり処分されてしまいます。

では、生きたまま〝不要〟というレッテルを張られた犬猫はどうなってしまうのか。どのように〝処分〟されるのでしょうか。

かつて業者が犬猫を処分する方法といえば、保健所や動物愛護センターといった行政施設に持ち込んで引き取ってもらうのが主流でした。そこで多くの犬猫は殺処分という運命を辿ることになりました。早い話が、「行政に頼んで殺してもらっていた」のです。

ところが、２０１３年の動物愛護法改正（前回の改正）によって、自治体はペットショップや繁殖業者の持ち込みを拒否できるようになりました。持ち込み先がなくなったことで、売れ残った犬猫は店のバックヤードで狭く不衛生なケージに押し込まれたまま放置されるというケースが増えました。病気になっても治療も受けられずに「ただ命が尽きるのを待つ」という、目を背けたくなるような処分が行われるようになったのです。

さらに、こうした状況のもとでクローズアップされてきたのが、「引き取り屋」という業者の存在です。引き取り屋とはペットショップや繁殖業者で「不要」になった犬猫をお金をとって「回収」する業者のことです。

大量生産・大量流通・生体展示販売という〝入り口〟を規制する法律が未整備のまま、自治体の引き取り拒否によって〝出口〟だけが塞がれてしまった。そんな人間のご都合主義が生んだ状況が、引き取り屋の需要を生み出したとも言えるでしょう。

動物を有料で引き取ること自体違法ではありません。問題なのは〝引き取られた動物たちの処遇〟なのです。引き取っただけで適切な世話もせず、餌も与えず、狭く、不衛生極まりないケージに放置したまま衰弱させて飼い殺しにする——こうした動物への虐待的な飼養が疑われる悪質な業者が少なくありません。

２０１６年には栃木県矢板市内で劣悪な環境のもとで犬猫を飼育していた「引き取り屋」の男性が刑事告訴されています。レスキューに入った動物愛護団体によれば、犬猫たちはみな雨風を凌ぐことすら疑わしい粗末な小屋のなかで、糞尿まみれのケージに閉じ込められ、痩せ衰えて生きる気力さえ失った〝瀕死の状態〟だったそうです（宇都宮地検は男性を不起訴処分としましたが、のちの検察審査会は不起訴不当を議決）。

まともに飼育できないとわかっていてもお金になるから引き取る。飼育できないから放置する。手に負えなくなったり、亡くなったりしたらこっそり捨てる。悪質な引き取り業者たちもまた、目の前にいる動物を「現金」としか見ていないのです。

業者から不要とされ、行き場を失った動物たちにとっては、ペットショップに残されても地獄、引き取り屋の手に渡っても地獄。抗う術もないまま、過酷な運命を強いられるしかありません。

商品価値がなくなれば、命ある動物でさえ処分する。〝ワンダーランド〟のように見えるペットショップのショーケースの裏側で、実は、動物たちに対するこんなに恐ろしい行為がまかり通っている。その現実を、日本の人たちはもっと知るべきなのです。

●ペットショップの裏に蠢く〝新しい闇〟——保護犬・保護猫ブランド

生体展示販売という命の大量生産・大量流通・大量廃棄のスパイラルを断ち切るには、ペットを迎える消費者がその流通ルートに乗らないことが重要になります。買う人がいるから売る。欲しがる人がいるから供給する。それがペット業者サイドの言い分です。ならば、この構造を断つには「ペットショップで買わない」という選択をするのが、もっとも効果的なのです。

ペットショップに行って購入しなくても、「保護施設から保護犬・保護猫を迎える」という選択肢があります。

「保護犬・保護猫」とは飼い主に捨てられたり、虐待を受けて救出されたりといった理由で動物愛護センターや動物愛護団体の施設に保護されている犬猫のこと（行政が拒否できるのは業者の持ち込み。個人の持ち込みやレスキューでの保護はその限りではない)。

昨今、動物への虐待行為がニュースで取り上げられる機会が増え、保護犬・保護猫の存在を知って心を痛めている人が増えてきています。そうした人のなかには「ぜひ保護犬・保護猫を迎えたい」「迎えて辛い境遇にいる子を助けたい」と考える心やさしい人も大勢います。こうした風潮は、日本の人たちの動物愛護に対する意識が高まってきたことの表れとも言えるでしょう。

ところが〝敵〟もさるもの。こうした人々の善意を利用した新しい〝悪質ビジネス〟を始めるペットショップが出てきました。それは、店で売れ残ったであろう犬猫を「この子は保護犬」「この子は保護猫」と偽って〝譲渡する〟というもの。そこにペットフードの年間購入といった条件をつけて、何十万円もの金額を請求するのです。

保護施設から保護犬・保護猫を迎える場合は、「購入」ではなく「譲渡」という形になります。当然、お金儲けが目的ではありませんから、犬の登録費や不妊手術などの医療措置などの実費を負担するというのが本来の譲渡費用です。にもかかわらず、そこに

「自分の店でペットフードを買うこと」といった条件をつけている。それは譲渡ではなく販売であり、ビジネスなのです。

例えば、譲渡金数万円と「3年間のフード定期購入（小型犬で15～17万円ほど、大型犬では20万以上の場合も）」を強制的に契約するといったケースでは、それだけで普通に子犬をローンで購入するのと同じくらいの金額になるわけです。

また保護犬・保護猫なのにもかかわらず血統書があり、一覧には生年月日も掲載されているという矛盾したケースもあります。

動物を助けたいという消費者感情に付け込み、保護犬・保護猫を〝ブランド化〟して販売する。これは「保護犬猫詐欺」と呼ぶべき悪質な手口と言わざるを得ません。

この保護犬・保護猫ビジネスにはもうひとつ、ペットショップにとっての大きなうまみがあります。8週齢規制を〝ごまかせる〟のです。

今回の改正動物愛護法にも盛り込まれている「生後56日以内の犬猫の販売を禁止する」という8週齢規制は、あくまでも「販売禁止」であり、保護犬・保護猫の「譲渡」

には適用されません。つまり、「これは保護犬です」と書けば、８週を待たずに売ることができます。極端なことを言えば、生まれてすぐの赤ちゃんでさえも〝譲渡〟の名目ならば売っても違法にならないのです。

保護犬・保護猫と謳えば、さらに幼齢の犬猫でも売ることができる。保護犬・保護猫の譲渡という名目で、結局は生体展示販売のうまみをむさぼっている。悪徳商法ここに極まれり、です。動物の命を何だと思っているのでしょうか。

法律の隙を突き、裏をかき、抜け道を探して、次々に新たなビジネスを生み出してくる。お金儲けだけを考えて、動物の命をそのための道具としか見ていない人たちは、どこまでも狡猾になれるということです。

もし、みなさんがペットショップで「この子は保護犬・保護猫です」「当店は保護犬猫の譲渡も扱っています」と言われたら、「本当ですか」と聞いてみてください。「この子たちはどういう事情でこちらに保護されたのですか」と説明を求めてみてください。

そして考えてみてください。平然と生体展示販売を行い、セールや大特価割引で命を叩き売る、その傍らに設けられた「保護犬猫コーナー」が、果たして本当に動物のことを第一に考えて真剣に里親を探すための取り組みなのかどうか。

そしてブームやメディアの影響だけに左右されずに、保護犬・保護猫たちについて正しい知識を学んでください。買う側、飼う側、迎える側のそうした意識が、悪質なペットビジネスの闇に苦しむ動物たちを救う力になるのです。

●目指すは生体展示販売という〝野蛮な行為〟の根絶

2018年8月、イギリス政府が動物を虐待から守るために、ある法案制定を発表しました。イングランドにおいて第三者販売業者（ペットショップやネットオークションなど）に対し、生後6カ月齢未満の子犬や子猫の販売を禁止する――というもの。イギリス全土ではなく〝イングランド限定〟ではありますが、2020年から施行される予定になっています。

ペット先進国と呼ばれるイギリスにも、劣悪な環境で犬猫を繁殖させるパピーミル（子犬工場）は存在します。2013年にウェールズのパピーミルから5歳になるルーシーという名の犬が救出されました。長期間の虐待的な飼育の影響で体も心もボロボロになっていたルーシーは２０１６年に亡くなります。この事件がきっかけになって、イギリスでは、悪質な繁殖業者や販売業者から子犬や子猫を守るための法律の制定を求める運動が展開されました。今回発表された法案は、その運動が実って制定されたもの。そのため、通称「ルーシー法」とも呼ばれています。

この法律が施行されれば、イングランドでは幼齢期の子犬や子猫を飼いたくても、ペットショップでは購入できなくなります。事実上イングランドでは幼齢期のペットの生体展示販売が「違法」となるわけです。ウェールズでも「ルーシー法」の導入を求める運動が展開されていたり、スコットランドでは悪質な繁殖業者を取り締まる法案が検討されたりと、動物を守ろうという気運はイギリス全土に広がっています。

では、日本に目を転じてみましょう。今回の法改正にしても、幼齢期の犬猫を売って儲けたいがために、巧みな手段を使って例外規定をねじ込んでくる。日本のペット環境や動物福祉という意識は、まだまだ世界レベルに遠く及ばないと思わざるを得ません。

街のあちこちにペットショップが存在し、生まれて数週間にも満たない小さな命がシヨーケースに陳列されて販売されている――。日本では当たり前の光景ですが、動物愛護先進国の人たちの目には〝信じられない野蛮な行為〟に映っているに違いありません。

前述したイギリスの動物福祉団体「英国王立動物虐待防止協会（ＲＳＰＣＡ）」のインスペクターは、来日した際にこう語っています。

「イギリスではショップを通じての販売はわずか４％。スペース、休息などショップの要件が厳しいため展示販売が困難になり、結果、販売しなくなってきた。２０２０年の東京オリンピック・パラリンピックで日本を訪れた多くの人は、街で販売されている子犬たちに驚くだろう。人生においてそんな光景を見た事がないのだから」と。

命を店頭販売する「生体展示販売」と、それを支える「ペットの大量生産・大量流通」。このビジネスモデルがなくならない限り、この国のペット問題は解決に至らない、動物たちの悲劇は終わらない。私はそう考えています。

同じく今回の法改正で、日本犬6種という除外規定はあるものの、そのほかの犬猫に関しては、生後8週間（56日）以内の個体の販売は禁止になりました。改正前の「実質49日以内」という骨抜き状態の規制と比べれば前進はしています。確かに、動物たちの性格形成や社会化、心身の健康にとっていちばん大事な幼齢期に、親から引き離されて流通に乗せられ、店頭販売されることは禁止になりました。

また、幼齢期のほうが人気もあって高く売れ、成長して体が大きくなるにつれて商品価値が下がるという業界の〝セオリー〟に従えば、幼齢期の個体を販売できないことでビジネスとしての〝うまみ〟が減るというショップに対する抑制効果もあるでしょう。

しかし実際には、生体展示販売そのものが禁止されたわけではありません。8週齢規制は、逆に言えば「8週を過ぎた犬猫ならば店頭販売してもいい」という意味にもとれます。でも、動物たちは生き物です。一匹一匹の成長スピードや親離れの時期なども異なって当たり前。8週を過ぎたからといって「個体に悪影響はないから大丈夫」とは言い切れません。商品扱いしてもかまわないことにはならないのです。

また、8週齢規制をクリアするために「そもそもの生年月日をごまかす」という悪質な手法が出てくることも十分に考えられるでしょう。

ペット業界で、そして日本という国で、本来問われるべきは、「どの段階から（何週から）動物を商品として販売していいか」ではなく、「動物の命をモノのように店頭で売買していいのか」ということ。その問いへの答えは簡単です。
命の店頭販売はいらない。生体展示販売はいらない。これしかないのです。

動物を大量生産するために、悪質な繁殖業者の需要が生まれる。
動物を大量に流通させるために、命をセリにかけるオークションが必要とされる。
大量に仕入れた命はペットショップのショーケースに並べられて店頭販売される。
なかなか売れない動物は〝セール品〟として叩き売られる。
それでも売れ残った動物は〝余剰在庫〟として処分される。

動物たちを悲劇に追い込むペットビジネスの負のスパイラルは、すべて「生体展示販売」に起因していると言えるでしょう。私たちEvaは、改正による法律面での前進を、評価すべきは評価し、それを足掛かりにして、「生体展示販売」という野蛮なビジネスモデルそのものの根絶を目指します。
そこまで辿り着いて初めて、日本は「動物にやさしい国」になれるのですから。

2. テレビ番組の無自覚という罪
――動物は「視聴率を稼ぐ道具」ではない

●私が動物番組に呼ばれない理由――テレビに限界を感じるとき

芸能人としてさまざまなテレビ番組に出演していますが、Ｅｖａの活動をしているからでしょう、数ある動物番組にはほとんど呼ばれません。番組制作サイドにすれば面倒なのでしょう。厳しい目でその背景を監視されることになるのですから。

もし私が『かわいい動物映像○○連発！』といった番組に呼ばれたとして、スタジオに登場した動物たちを見てゲストがみな「かわいい！」と歓声を上げても、私はどうしても「この子たちはどこから連れてきたんですか？」「ペットショップ？」「どこの何というショップですか？」「これって虐待では？」といった疑問を持たずにはいられません。

もし動物番組からオファーが来ても、こちらから「動物をどう扱うのか」「動物福祉を考えた上での企画なのか」などあれこれ質問します。すると、やはり「これはまずい」「面倒なことになる」と感じるのでしょう。最終的には先方がキャスティングから外してくるというパターンが多いように思います。

結局そうした番組には、動物福祉にあまり関心のない人、関心はあってもよくご存じない人ばかりが顔をそろえることになります。

そうなると、仮に虐待される動物の様子がVTRで流れても、「かわいそう」「許せない」という声が上がるだけ。本当なら、なぜそんなかわいそうな事態が起こるのか。問題の根本の原因はどこにあるのか。許せないのならどうするべきなのか。そこまで踏込んで、自分の考えをはっきり言ってほしいのですが、まず、そこには至りません。それができるような動物福祉の知識がある人は、番組に呼ばれないのです。

そもそも、「かわいい」だけではなく、動物やペットの置かれている現実を取り上げ、本気で向き合おうという腹の座った番組がないのがテレビというメディアの現実です。

テレビ局がGOを出す番組の判断基準は「おもしろいか。おもしろくないか」「視聴率が取れるか、取れないか」にあります。「おもしろくて視聴率も取れる」となったら、悲惨な状況下の動物たちの姿を取り上げるより、かわいさを前面に押し出した番組に軍配が上がるのも致し方ないのかもしれません。

また民放局の場合は、それ以上にスポンサー企業の存在を避けて通るわけにはいきません。ペット業界やその関連企業、ペットに関する商品を扱っている流通系企業などにスポンサードされている番組では、業界の裏側の実態を白日のもとに晒すような企画ができるはずもないのです。

視聴率第一、スポンサーへの気遣いといった制約のもと、「伝えるべきこと」「伝えなければならないこと」を伝えない、伝えられない。提供する情報が大きく左右される。Ｅｖａの活動をしていると、メディアとしてのテレビに〝限界〟を感じることが多々あります。

しかしひとたびメディアが本腰を入れれば、腹を据えれば、いまだなお大きい影響力によって、この国の動物愛護・動物福祉のレベルは格段にジャンプアップできるはず。私も芸能人のひとりとして、テレビというメディアの影響力の大きさは身を持って知っています。知っているからこそ、それを武器にできないもどかしさを禁じ得ないのです。

●伝えるべきことが伝わらない――メディアは伝えることに責任を持つべき

テレビというメディアが本来の使命を果たせない制約のひとつがスポンサーの存在であるならば、公共放送であるＮＨＫはどうでしょうか。

実は、ＮＨＫはこれまで、『クローズアップ現代＋』などの番組で、ペット業界の実態、ペットビジネスの闇の部分を追跡取材する良質な企画を放送しています。特定のスポンサー企業に忖度する必要のない公共放送だからこそ可能な取り組みであり、「伝えるべきを伝える」というメディア本来の役割を果たすという意味でも非常に評価できる番組でした。

ただ、あるとき、ＮＨＫの番組で放送されたペット業界に関する特集を見てその内容に驚き、思わず後日、プロデューサーに苦言を申し上げたことがあります。この番組は何を伝えたいのか。悪質な業者の宣伝をするために特集を組んだのか。そもそも入念なリサーチをしているのか、と。

番組には、良識ある動物愛護活動をしている人なら誰もがすぐに「悪質」だとわかるペット業者や問題のある動物愛護団体ばかりが登場していたので、「あれ、どういう内容なのだろう」と嫌な予感がしていました。

案の定、番組でオンエアされた彼らのインタビューは業界の言い訳だらけでした。ペットオークションにしても、その流通システムこそが動物を苦しめているのに（事実、以前は別放送回でそうした批判をしていたのに）、「業界全体でこの問題に向き合おうと考えている」といった業者の自己正当化の発言ばかりをピックアップする。

またずさんで悲惨な活動内容がほうぼうで批判されている悪質な動物愛護団体を連れてきて、またその言い訳を流す。これでは、番組を観た視聴者に「ペット業界もなかなか頑張っているんだ」「動物のことをちゃんと考えているんだ」「週刊誌では叩かれていたけど、ＮＨＫに出るんだから本当はちゃんとした団体なんだ」などと間違った印象を与えかねません。

テレビには限界があるとされながら、それでもＮＨＫという公共放送の持つ影響力はまだまだ強大なものがあります。それなのに、無責任にもほどがある。そう思ってプロデューサーに抗議をしたのです。

するとそのプロデューサーいわく、

「ペット業界の流通システムが諸悪の根源だということもわかっている。この団体に問題があることもわかっている。だから、あえて彼らの言い分をそのまま流して、視聴者にその善悪を判断してもらいたかった」と。

視聴者に考えさせるための問題提起――確かに〝もっともらしい〟理由でしょう。しかしそれならそのための正しい方法があるはず。このアプローチは明らかに間違っていると、私は考えます。現状の日本では、まだ視聴者である世の中の人々は、ペット問題についてそこまで深い関心と知識を持っていません。

もちろんしっかり勉強して知識もあって、自分なりの意見を持っている人もいるでしょう。でも大多数は、

「最近、ペットのことが問題になっているけれど、どういうことなのだろう」

「ペットショップがよくないとか言われているけれど、本当なのかな」

というレベルの人が圧倒的です。

そうした視聴者に判断を委ねようとするのなら、どちらか一方の言い分だけを放送す

るのでは不十分です。ペット業界の在り方や業者の行為を「是」として正当化する声を流すなら、同時に、それを「非」として批判し糾弾している側の声も流さなければ、そのオンエアはフェアではありません。というより、対照的な両方の声を聞いて比較できるような放送をしなければ、視聴者にはそのよし悪し、是非を的確には判断できないでしょう。

それを悪質な業者の言い訳だけを流して、「善か、悪か」を決めるのはあなた——では、メディアの在り方としてあまりに無責任だと思うのです。

「伝えるべきことが伝わらない」のは、メディア側の伝え方にも問題があるということです。手段を間違えて「業者の言い分」ばかり放送すれば、動物を苦しめている業界の悪しき在り方が、社会で正当化されてしまいかねない。

視聴率だけを考えて、スポンサーに忖度して、「ペットのかわいさ」ばかりクローズアップすれば、業界の生体展示販売の拡大を後押しし、結果、衝動買いやその後の飼育放棄を助長してしまいかねない。

伝え方ひとつで、真実が伝わらない、それどころか善悪さえがねじ曲がって広まってしまうこともあるのです。影響力を持つものはそれと同じだけ、いえ、それ以上に大きな責任を背負っている。メディアの方々には、ぜひそのことを自覚していただきたいと思います。

●動物の恐怖心を弄ぶ「どうぶつドッキリ」という愚行

動物に○○をさせてみる、動物に〝ドッキリ〟を仕掛ける、そんな番組が放送されては、その度にインターネット上で「動物虐待だ」という批判を浴びる。日本のテレビ業界はいつまでこんな浅はかなことを繰り返すのでしょうか。

例えば、ある番組では「新宿・歌舞伎町のホストクラブに1週間、九官鳥を放置したら、どんな言葉をしゃべるか？」という実験が行われました。毎日、ホストたちの会話を聞いていたら、九官鳥もホスト口調でしゃべり出すかも——というわけです。

しかし、ひっきりなしに人が出入りし、大音量で音楽が流れ、照明の演出も極端で、深夜まで騒ぎ声が絶えないであろうホストクラブのような場所で、動物が何のストレスもなく過ごせるはずがありません。いえ、人間だってとても生活できるような環境ではありません。ホスト口調でしゃべらせて笑いを取りたいためだけに、そんなひどい環境下に九官鳥を〝監禁〟する。これが虐待でなくて何なのでしょうか。

また別の番組では、１メートル以上ある高い台の上に大トロを置き、それを目指して別の台の上から猫をジャンプさせるという企画がありました。どのくらい離れた台から飛び付けるか、その距離を競う〝幅跳び〟のようなものです。何匹もの猫が挑戦させられ、記録は１メートル90センチだったそうです。

でも、この際、記録などどうでもいいこと。猫にケガがなかったからよかったようなもので、台に届かず地面に落下したり、台にぶつかったりすれば、大ケガをするリスクもあったはずです。制作サイドはそうしたリスクを考えなかったのでしょうか。猫ならケガをしてもかまわないという気持ちがあったのであれば、これもまた立派な虐待でしょう。

猫がスタジオに設置された階段を上っていくと、突然、その階段が平らになって滑り台に変わり、ズルズルと滑り落ちるという企画も。いくら猫が身軽だからとはいえ、足や腰によくないのは明らかですし、勢いよくずり落ちたり階段が閉じるときに足を挟まれたりしてケガをする危険もあります。何より、猫がすごく怖がるのは目に見えています。

さらにある番組では、猫の後ろにキュウリを置いて驚かせ、そのときにどのくらいジャンプするかを計測するどっきりも企画されていたといいます。

聞くところによれば、猫は地面に置かれたキュウリを見るとそれをヘビだと思い込んで恐怖を抱き、逃げようとするという説があるそうです。それを実証してみよう。猫が恐怖によってどれだけ飛び跳ねるかを計ってみようという企画主旨だったのでしょう。

しかし猫をわざわざ驚かせ、怖がらせてその反応を楽しむとは、何という趣味の悪い企画でしょうか。仕掛ける人間にとっては大したことではなくても、仕掛けられる猫はたまったものではありません。猫にとっては自分の命に、生存の危機に関わる大問題です。その恐怖心は猫にとって一生のトラウマになるかもしれません。その後の異常行動の原因になってしまう恐れもあるでしょう。動物の生存に直結する生態を〝弄ぶ〟行為は、紛れもない虐待です。

人間に仕掛けるドッキリは「大成功！」といってネタばらしをすれば、大笑いして終わりかもしれません。しかしドッキリの意味すら知る由もない動物たちは、ただ命の危機を感じ、恐怖心を植え付けられ、それでおしまいなのです。

動物を驚かせ、怖がらせるような番組企画への指摘や批判の声が上がってきているにもかかわらず、いまだにそうした番組が次々に制作され、オンエアされています。

日本のテレビ業界は、いつまでこんな残酷なことを続けるのでしょうか――改めて、そう問わずにいられません。

●動物番組で人気の「保護犬」企画、その実態とは

前述したように私はほとんど出演しないのですが、動物番組、とくに動物バラエティ番組はいまも根強い人気があります。動物愛護関係の取材のときによく「最近の動物バラエティ番組は意識が変わってきたと思いますか」と聞かれるのですが、そんなときは「いいえ、『視聴率が取れれば何でもあり』という意味では、何も変わっていないと思います」と答えています。

いくつかのメジャーな番組が保護犬・保護猫にスポットを当て始めたことで、「番組の意識が変わった」「動物愛護の観点が生まれてきた」と考える人も少なくありません。

もちろん保護犬・保護猫の認知が世の中に広まったことは評価できます。ただ、そうしたアプローチも昨今の〝動物愛護ブーム〟に乗っかって視聴率を取ろうと考えているだけではないか、そう思えてしまうような実態も聞こえてくるのです。

例えば、ある動物バラエティ番組で、人気タレントが多頭飼育崩壊の現場を訪問し、保護された子犬と触れ合ってシャンプーやトリミングをしてあげるという企画。人気コーナーなのでご存じの方も多いと思います。

トリミングの技術を磨き、犬の気持ちに寄り添って向き合うタレントさんの取り組みは素晴らしいものです。ただ、ある保護団体を訪ねたときに登場したボロボロの保護犬、実は番組スタッフが「テレビ収録があるので、スケジュールが決まるまでキレイにせずに汚れたままにしておいてくれ」と連絡していたというのです。

それは違うでしょう。

そんなボロボロの状態で保護されたら、一刻も早く苦痛や不快な状況から救い出してあげたいと思うでしょう。だから、すぐに獣医師のもとに連れていって診察と治療を受けさせ、シャンプーやトリミングをして体も清潔にしてあげる。それが当たり前です。

それを、いくら番組の企画だからといって、「収録まで洗わないでくれ」と頼むなどあり得ない話、いえ、あってはならない話です。

病気で死にそうな人を前にして治療もせず、空腹で死にそうな人を前にして食事もあげず、「取材が来るっていうから、それまで待って」というのと同じこと。番組づくりを優先して、目の前で苦しんでいる動物を救わない。それが虐待でなくて何なのでしょう。

こうした話はＥｖａにも寄せられています。ある団体さんも、やはりテレビ局から「汚い犬を洗って綺麗にした映像を撮りたいので、なるべく酷い状態の子を保護したら連絡してほしい。そういう多頭飼育崩壊の現場があったら連絡してほしい」と頼まれたとのこと。テレビの演出目的で汚い犬を探しているのかと丁重にお断りしたそうです。

当然、そうした要求をする番組制作サイドがおかしいのですが、それを「はい」と受け入れてしまうのであれば、その保護団体ももはや、まともとは言えません。まともな団体ならば、ウチで保護犬の取材・撮影をしたいのであれば、〇〇は遵守してください。〇〇には対応できませんと、動物ファーストの条件をつけるのが当然のこと。「それでもよければお受けします」でなければいけないのです。

動物愛護団体のなかには、そうしたテレビ番組で取り上げられることがステータスになると勘違いしている人もいます。そのためには、たとえ動物たちに苦しい思いをさせても番組側の演出に従ってしまうというケースもあるということです。

活動をアピールして動物愛護の意識を啓発するためにテレビ番組に出るのなら、自分たちの活動理念を崩さず、「動物たちのために、こちらが番組を利用させていただく」くらいの強い思いを持つべきです。何のためにテレビに出るのか、動物のためなのか、自分たちのステータスのためなのか。その意識をしっかり持たなければ、いいように利用されてしまうリスクもあります。結局、いちばん苦しい思いをするのは誰でもない、動物たちなのですから。

こうした話を聞くにつけ、テレビというメディアにとっては、番組がおもしろくなるかどうか、視聴率が取れるかどうか、自分たちの思うような画が取れるかどうかが最優先。そこに登場させられる保護犬や保護猫、真面目に取り組んでいる動物愛護団体のことなど二の次――。そう思わざるを得ません。

悲しいかな、テレビ番組の意識が変わったのではなく、視聴率が取れるアプローチが変わったに過ぎないということなのです。

●動物の「かわいい投稿動画」は本当にかわいいだけなのか

最近、「かわいらしさ」の裏側を危惧しているのが投稿動画です。テレビ番組やインターネットの動画サイトでは、飼い主や周囲の人が撮影・投稿した「ペットや動物たちの動画」がたくさん紹介され、人気を博しています。その愛らしい表情やかわいらしい行動に癒されるという人も多いでしょう。

もちろん、自然のままのかわいい姿を撮影する分には何の問題もありません。ただ気にかかっているのは、「かわいい映像が撮れたからみんなに見てほしい」という純粋な思いではなく、テレビ番組に採用されたいがために、動画サイトで視聴数を上げたいがために、無理のある撮影が行われている可能性もあるのではないかということです。

テレビ番組ならビデオが採用されれば何万円かの謝礼がもらえますし、ユーチューバーのように動画の再生数が増えただけ広告収入も増えるというケースもあるでしょう。

そしてそこには、動画で〝お金を儲ける〟ために、無理やりおもしろいポーズを取らせたり、いかにも人目を引きそうな〝芸〟を仕込んだりする人が出てきてもおかしくありません。もっと言えば、動画を撮影するために動物を飼育する、購入するというケースも十分に起こり得るでしょう。私が危惧しているのはそこなのです。

そもそも、そんなに都合よく偶発的に笑える動きや珍しい行動、かわいらしいハプニングなどを撮影などできるのか。テレビのスペシャル番組でも、よく「動物〝おもしろかわいい〟映像100連発」といった特集がありますが、毎回毎回、新しい奇跡的な瞬間の映像がそんなにたくさん出てくることにも疑問を覚えてしまいます。

そう考えると、そこでは「おもしろい瞬間を撮影する」という明確な目的を持った映像作成という作業が行われていても不思議はありません。

映像に映っている一瞬の奇跡的なおもしろいシーンの、その前後の〝映っていないところ〟では、もしかしたら血の滲むような調教が行われているかもしれない。それは見る側にはわからないわけですから。

また、そうした投稿動画のなかには、まるで〝動物の生態実験〟のような映像も散見されます。「赤ちゃんに添い寝させたらどうなる？」「飼い主が突然隠れたらどうなる？」といった罪のない映像ならほほえましいものです。ただ問題は、どう見ても動物虐待という行為を強いている映像が投稿され、しかもそれが採用されて平然と放送されているケースがあるということ。

例えば、あるゴールデンタイムの動物バラエティ番組で紹介された、10歳を超えているフレンチブルドッグの老犬がお留守番しているときの様子を撮影した動画。

そのフレンチブルは、留守中あちこち動き回らないように衝立で仕切られた狭いスペースに入れられているのですが、長時間、そんな狭い場所にいたら外へ出たくなるでしょう。案の定、その老犬は衝立をよじ登って乗り越えようとします。そして何とか登り切って外側に飛び降りることに成功します。

そこで飼い主は、衝立をどんどん高くしていくのです。フレンチブルも必死によじ登っては乗り越える。じゃあ、もう少し高くしたら乗り越えられるか、もっともっと高くしたらどうかと、だんだん〝実験〟のようになっていきます。犬もそのたびに一生懸命に乗り越える。最後には、「老犬なのに足腰が強い、運動神経がいい犬でした」というようなナレーションが入る——というものでした。

その番組では、スタジオでもゲストたちが「すごーい！」と大盛り上がりで笑って見ているのですが、たまたまそのオンエアを見た私は、笑えませんでした。

だって、衝立を高くすればするだけ、犬がケガをする危険度は増します。床はフローリングなので、高い衝立の上から飛び降りたり、バランスを崩して落下したりすれば、骨折してしまう恐れも十分にあるのです。そうした動きが得意な猫ならばいざ知らず、相手は犬、ましてや10歳を過ぎた老犬です。いたずらに衝立を高くすることが危険だと気づかないのでしょうか。

こうした番組に投稿するくらいですから、飼い主は老犬がどこまで乗り越えられるかを動画に収めたいと思ったに違いありません。一回乗り越えたのを見て、「これはおもしろい映像が撮影できそうだ」と、実験してみたくなったのではないでしょうか。

老犬にしては足腰が丈夫、運動神経がいいと言っても、たまたま成功してケガをしなかっただけのこと。結果オーライだから問題ないというものではありません。動画に映っていないだけで、もしかしたらその後にケガをしていた可能性だってあるのですから。

殴ったり蹴ったりと直接痛めつけているわけではありませんが、「かわいい」や「おもしろい」のために意図的に動物を危険にさらすことだって、虐待に等しい行為です。

こんな危険な〝虐待動画〟を撮影している飼い主、そしてその映像をオンエア用に採用している番組、それを「かわいい」と笑って見ているゲストのタレント。その無神経さや想像力のなさ、センスのなさに唖然としたことをよく覚えています。

私には「動物との向き合い方にその国の民度が表れる」という持論があります。動物を蔑ろにする動画が公共の電波に普通に投稿される、子どもも見るゴールデンタイムの番組で堂々と公開される、そんな実情を目の当たりにするにつけ、この国の民度、メディアの成熟度のレベルについて深く考えさせられるのです。

●その情報は「本当に動物のため」かを、受け取る側が見極める

メディアが伝えるべき真実を伝えないのであれば、真実を知るためにはメディアに向き合う私たち自身の姿勢を変えていくしかありません。

最近、「メディア・リテラシー」という言葉をよく聞きます。メディア・リテラシー

とは、メディアが発信する情報の真偽や信頼性を受け手が見極める力、発信者の意図やその背景などについて的確に判断する能力のことです。

動物番組の場合なら、放送されている内容を一方的に受け入れて信じ込むのではなく、その情報は本当に真実なのか、そのまま信じていいのか、画面に映されていない裏側に何かが潜んではいないかを見極める。そのためは情報の受け手である私たち一人ひとりが、自分の頭で考え、想像し、検証し、確かめていくことが必要になります。

番組を見て「おや？」「おかしくない？」「これって大丈夫なの？」「動物たちはどう感じているのかな」などと疑問に思うことがあれば、新聞やインターネットで検索して調べてみる。そうして検索で得た情報もまた、すぐには真に受けずにいろいろと比較してみる。

〝かわいい推し〟で動物を紹介する番組を見て、「私もあんな子を飼いたい」「ウチにも1匹ほしい」という衝動に駆られても冷静になって、動物を飼うことの意味や命を迎えることへの覚悟を今一度考えてみる。

情報を受け取る側が、常にこうした意識を持ってメディアと向き合うことで、動物番組に対するメディア・リテラシーは高まり、メディアに潜む悪しき現実を矯正していく足掛かりになっていきます。そして、そのためにも、本書でも繰り返し申し上げているように、まず動物やペット業界について関心を持つこと、少しずつでもいいので知識を持つことが重要になるのです。

また、メディアに限らず、もっと広い意味での情報リテラシーも必要です。

それは、動物を愛する心や動物と共生したいという強い理念を持ち、動物虐待が蔓延する現状を憂慮している〝動物愛護への意識が高い人〟も例外ではありません。その意識の高さゆえに「動物を守る」「動物を救う」という情報へのリテラシーが鈍ってしまう可能性もあるからです。

事実、悪質なペットショップが始めている「保護犬・保護猫」を謳った新たなビジネスなどは、そうした動物愛護の意識の高さが逆にリテラシーを鈍らせることを見越したやり口とも言えるでしょう。

また、動物愛護家や動物愛護団体のなかには、自分の承認欲求を満たすためだけに「動物愛護」の旗を掲げているケースもあります。ｙｏｕｔｕｂｅやＳＮＳなどに「ウチはこれだけの犬猫を保護している」といった虚偽の活動内容を掲載したり、注目を集めるために根拠もなくほかの団体を批判したり、もっともらしい理由をつけて寄附を募ったり——。動物愛護団体と言っても、良識ある団体ばかりではないのです。書類さえそろえば立ち上げることができるため数多くの団体が存在していますし、動物愛護家に至っては自己申告ですから誰もが名乗ることができます。

つまり、動物愛護団体や愛護家は、それだけ〝玉石混淆〟だということ。きちんとした良識ある活動をしている団体なのか。寄付を募っているなら収支報告はされているのか。行政やほかの団体への批判が的を射た真っ当な内容なのか。みなさんの動物への愛情ややさしさ、善意の行き場を見誤らないためにも、動物愛護団体や愛護家を見極める。その〝目〟もまた、動物のための情報リテラシーと言えるのです。

そうした〝動物愛護を逆手に取った悪意ある情報を見極めるためにも、私たちにはメディア・リテラシー、情報リテラシーを身につけるよう心がける必要があるのです。

3．日本の動物園は、学びの場か、見世物小屋か

●動物園の象はなぜ踊るのか――寂しさとストレスだらけの動物たち

〝かわいい〟動物たちが集まっている場所といえば、すぐに思い浮かぶのが動物園や水族館ではないでしょうか。

子どもたちや親子連れに人気の動物園は、本来ならば「命の大切さを学び、生命観を育む場」という教育のための施設として位置づけられているはず。しかし実際には、動物を見せることで利益を上げるビジネスの場、客寄せのためだけに動物を利用している「見世物小屋」になってしまっている動物園がものすごく多いのが現実です。

動物たちの多くは親や仲間から引き離されて、健全に生きられる環境とはまったく異なる場所に連れてこられています。そして、固いコンクリートの床と鉄柵に囲まれた檻のなかで、寝るときも食べるときも大勢の人の目に晒されるのです。

動物を見ると楽しい、かわいい、癒されるというのは人間の感覚でしかありません。

野生の動物たちは、ほかの動物から注視されると相手から威嚇されていると感じるもの。逃げ場所のない檻のなかで四六時中、大勢の人間の視線を浴び続けることが大きなストレスになっている動物も少なくないでしょう。見ている人間は癒されても、見られる動物は苦しんでいるかもしれないのです。

また動物園に行ってもすべての動物を見るのではなく、お目当ての動物以外には目もくれない人も少なくありません。檻の前が常に人だかりになる人気が高い動物もいれば、あまり関心を持たれない動物もいます。見られることに苦しむ動物もいれば、人に見られることすらなく、ただ閉じ込められている動物たちもいるのです。

でも、ものを言わぬ動物たちは自分からは何も訴えられず、何の抵抗もできず、ただ耐えるしかない。それが動物にとってどれほど辛いことなのか——。

例えば、動物園の象はよくリズミカルに足を動かして長い鼻と体を揺らします。そんな姿を見ると「象さんが楽しそうにダンスしてる」「かわいい！」と歓声が上がり、大人も子どもも大喜びするでしょう。

実は、象のそうした動きは、寂しさやストレスによる欲求不満を感じたときに見せる

「はた織り」と呼ばれる常同行動（同じ行動を繰り返す異常行動）なのです。象は群れをなして行動する動物です。そして、大きな体を維持するために大量の餌を探して１日中、あちこちを歩き回って移動するのが自然な暮らしです。現在、国内の動物園で、たった１頭で飼育されている象は10頭前後もいます。コンクリートと鉄柵でできた狭い囲いのなかをウロウロするほかにすることがありません。そんな環境を何年も、何十年も強いられているのですから、そのストレスや孤独感たるや想像を絶するものがあるでしょう。

キリンが柵の同じ部分を舐めたりかじったりするのも、ライオンが囲いのなかをグルグル歩き回るのも、ホッキョクグマが首を振りながらステップを踏み続けるのも、みな本来の行動欲求が満たされないストレスから生まれる常同行動なのです。

極度のストレスに苛まれて常同行動に走らざるを得ない環境のもとで、多くの動物たちが見世物にされている。そんな施設が果たして〝教育の場〟と言えるのでしょうか。子どもたちはそこで命の大切さを学べるのでしょうか。私には疑問に思えてなりません。

もし、そうした動物園で親が、大人が、子どもにできることがあるとしたら、「自分が何年もの間、24時間365日、出口のない狭い部屋に閉じこめられ、生活のすべてを大勢の人に見られていると想像したらどう思うか。どうなってしまうと思うか」――そう問いかけることです。

「象は決して楽しくて踊っているのではない。精神の崩壊による異常行動を引き起こしているのだ」と教えることです。そして子どもと一緒に「動物たちの幸せ」と「動物園の存在意義」を考えることなのだと思います。

●「動物と触れ合う」とはどういうことか

「ふれあい動物園」や、ショッピングセンターや住宅展示場などのイベントスペースに動物を連れてきて展示する移動動物園の「ふれあいコーナー」などは、動物と実際に触れ合う体験ができることから、根強い人気があります。しかし、そうした現場ではとくに動物の心身の健康や生育状態に対する配慮を著しく欠いた、ずさんな状態が多く見られます。

動物たちは力任せに体をギュッと掴まれたり、しっぽを引っ張られたり、逆さまにぶら下げられたり、振り回されたり。故意ではなくても、手に持った動物をコンクリートの床に落としてしまうことだってあるかもしれません。

動物の多くは臆病で繊細です。そんな動物たちが、見たこともないような大勢の人間に囲まれ、「ふれあい」の名のもとに体を触られ、いじられる。触れ合いたいのはあくまで人間の側でしかありません。動物たちは「こんなふうには触られたくない」と思っているかもしれないと、なぜ考えないのか。これは動物たちに対する虐待行為と変わらないのではないでしょうか。

「どうぶつと触れ合える＝好きに動物を扱っていい」ではありません。本来、ふれあい動物園とは、動物と触れ合う場所ではなく「動物との触れ合い方を教える」場所でなければならないはず。それなのに、「人間の管理下にある動物は、人間がどう扱ってもいい」といった身勝手な感覚をすり込んでしまう場になっています。それは、ふれあいスタイルの動物園だけでなく、普通の動物園もペットショップも同じこと。

でも、それではいけないんです。動物たちにもそれぞれに感情があって、感覚があって、ひとりぼっちになれば寂しかったり、辛かったり。ひどい扱いを受ければ痛かったり、苦しかったり――人間と同じように感じながら生きています。だから「自分が同じことをされたら寂しい、辛い、痛い、苦しいと感じることは、動物にもしてはいけない」のです。

動物と触れ合うというのは、ただ触ることではありません。常にこうした気持ちを持って動物と向き合うということです。そして、そのことを教えられないのなら、そのことが学べないのなら、そんな動物園はなくすべきだと私は思います。

●イルカショーのイルカは喜んで芸をしているのか

イルカやアシカのショー、クマやサルの曲芸――動物たちによるパフォーマンスは動物園や水族館の大きな人気イベントです。ただ、そうした楽しいショーも、実は動物たちの苦痛によって成り立っていることを知っていただきたい。

動物が見せるパフォーマンスのほとんどは、自然のなかでの本来の生活ではすることがない、する必要のない行動です。それを、ショーで人々に見せるためだけに、「芸」として仕込まれるわけです。

そしてそこでは、イルカたちに一糸乱れぬタイミングでジャンプさせるために、アシカに鼻先で皿回しをさせるために、サルに音楽に合わせて踊ったりポーズを取らせたりするために、成功したら餌をあげるという〝調教〟が行われるのです。

考えてみてください。望まない芸を無理やり仕込まれ、披露させられる動物たちは、果たして楽しんでいるのでしょうか。芸が身についたことに充実感や達成感を覚えているのでしょうか。人間の拍手や歓声を誇らしく感じているのでしょうか。

いいえ。彼らはみな餌が欲しいがために、言われるがままに芸を身につけさせられ、披露させられているのです。

例えば、野生のイルカの寿命は40～50年くらいですが、水族館でパフォーマンスをしているイルカは数年で死んでしまうとも言われています。本来ならば仲間と群れをつくって大海原を悠々と泳いで生きていくはずが、狭くて窮屈な水槽のなかで暮らさざるを得ない。その上、する必要もない芸を仕込まれる。そんな環境が動物の心と体にいい影響を与えるはずがないのです。

さらに言えば、芸ができたら餌を与える、できなければ与えないというのは、芸を仕込むためにイルカを強制的に飢餓状態にさせています。与えられる餌も「死んだ魚」なのですから、これもまた自然界ではあり得ないことでしょう。

少し考えれば、誰もがその〝異常さ〟に気がつくはずなのに、目の前のイルカショーに何の疑問も感じなくなっている。私たちはそれだけ動物の気持ちに対して鈍感になっているのです。

2018年に日本で開催されたセーリングのワールドカップ開会式でイルカショーが行われた際、それを見たイギリスの選手が「国際連盟が主催する大会でイルカのショーを見せられたことに失望した」という発言がメディアでも取り上げられました。

イルカに限らず、動物たちの曲芸やパフォーマンスは、野生動物の生態とは大きくかけ離れており、言うならば人間だけが楽しむための身勝手な娯楽でしかありません。当然、そこに学びの要素などあるはずもない。むしろ人間が好き勝手に動物を扱う、人間のために動物の自由な暮らしと尊い命を奪っているという恥ずべき行為を堂々と披歴していることにもなりかねないのです。

動物たちは人間のために生きているわけではありません。人間を楽しませるために、人間を癒すために、その道具となるために存在しているわけではないのです。人間も動物も、同じ尊い命を持った、同じ生き物同士――動物園や水族館は、そのことを学ぶための施設であるべきです。

●動物園に求められる「環境エンリッチメント」への取り組み

動物園が〝動物のための動物園〟になっていない大きな原因として、「それぞれの動物たちに適した環境を与えられないにもかかわらず、一カ所に集めている」という根本的な問題が挙げられます。

高温多湿の日本の気候に合っている動物は、そんなに多くはないはず。限られた種類しかいないでしょう。それなのに、世界各地の、気候もまったく異なる遠方からあらゆる種類の動物を連れてくる。動物にすれば、たまったものではないでしょう。

人間に置き換えればすぐわかるはずです。北欧などの極寒地域に暮らす人たちが、いきなり赤道直下の最高気温が50度に迫るような灼熱の国に連れてこられたら、一気に心身の調子が崩れてしまいます。それと同じことを強いられている動物たちがたくさんいるわけです。もちろん、可能な限り努力している動物園もあるとは思いますが、飼育しているすべての動物たちのそれぞれの種に適した環境を、そのまま再現して提供できているところはほとんどないでしょう。

そういう意味で、日本の動物園が抱えている課題を端的に言えば、「環境エンリッチメントの未熟さ」だと、私は感じています。

環境エンリッチメントとは動物愛護、動物福祉の世界において、「動物が持つ野生本来の行動や欲望を制限しないために、ストレスによる異常行動を減らして、動物の福祉と健康を向上させるため、飼育環境に工夫を凝らす取り組み」を指す言葉です。

動物たちの暮らしを豊かなものに、できるだけ本来の生息地に近づけたものにするのが環境エンリッチメントですが、具体的には「空間、採食、社会、感覚、認知」の5つの分野での取り組みに分けることができます。

①空間

コンクリートの床の上や、鉄製の柵に囲まれて暮らす野生動物は存在しません。その動物本来の生態に合わせて多様な素材や形の生活環境を整えます。また、木に登る動物の飼育エリアには登ることができる構造物を、水を浴びる動物には水場を、人目を嫌う動物なら身を隠す場所を、自分でねぐらをつくる動物にはそれ用の材料を――。その動物本来の行動特性に適した飼育空間づくりに努めます。もちろん、気温や湿度の調整も重要になります。

②採食

自然のなかで生息している動物たちは、餌を探して食べるという行動に1日の多くを費やすのが基本。しかし動物園では時間になれば餌が出てくる生活になります。一見いいことのように思えますが、本来餌を探す必要がなくなると、他にすることがなくなって退屈し、それがストレスの原因にもなります。そのため餌の回数を増やす、餌を埋めたり隠したりして探させるなど、与え方が単調にならないように工夫をして野生生活での食生活・食サイクルをできる限り再現するように努めます。

③社会

群れで生活する動物はできる限り群れの状態で、単独で暮らす動物は単独で飼育する。ほかの動物との接触を好む動物にはその機会を与える。オスメスの数や年齢の構成も野生に近づけます。また、捕食の関係にある種を接触させない。近くに置かない配慮も。ときには飼育員や来園者などとの接触による刺激も与えながら、野生動物としての社会性を再現します。

④感覚

森林で暮らす動物には森のなかの音を聴かせて安心感を与えたり、森の木漏れ日を再現したり、遠くを見渡せる高台を設置したり、自然に発生するものの匂いをそのまま残したり――音や匂い、見えるものなど動物の五感を刺激して野生に近い環境の変化を再現します。

⑤認知

その動物の本来持っている知能に合わせて複雑な道具や遊具を設置するなど、頭を使って動物自身が思考できる、知能を刺激する環境をつくります。

こうした取り組みを進めるためには動物園の現場で働き、動物たちと直に接する従業員（飼育員）たちの意識の在り方が非常に重要になります。動物の生態についての知識を持ち、動物の様子に目を配り、常同行動を見落とさず、「動物たちが苦痛や苦悩を感じていないか」「過度なストレスを感じていないか」といった飼育環境を、常に動物目線で考慮する。ときには環境改善を訴え、実現させていく。そうした情熱を持ち、動物への愛情と情熱を持っている、心ある飼育員の方も大勢います。

そして近年では、日本でもさまざまな動物を対象にした環境エンリッチメントに取り組む動物園も現れ、飼育環境が改善に向かっているケースもあります。

ただ、日本にはこの環境エンリッチメントを動物園や水族館などの施設に遵守させるための具体的な法律やルールがありません。それにこれら５つの取り組みを実施し、継続していくには相応のコストもかかります。そのため、現場で「これはおかしい」「これではかわいそうだ」と気づいても実現には至らず、現状に甘んじるしかないというケースが多いのも事実なのです。

日本の動物園はそのほとんどが「公立」、つまり行政の管轄です。そのため、現場の飼育員はともかく、管理・運営においては、どこかしら〝お役所仕事〟的になりがちなところがあるようにも思えます。

しかし、本来、野生で生きるはずの動物を、人間の都合だけで〝展示用〟として不自然な環境に連れてきたのが動物園です。ならば動物園は、環境エンリッチメントに何よりも真摯に取り組まなければなりません。それが、不本意ながらもっとも適した生息地から引き離された動物たちに対して果たすべき、最低限の人道的な責任ではないでしょうか。何より、動物園が積極的に環境エンリッチメントに取り組むことで、動物たち本来の自然な生態や行動が誘発されるのなら、それこそ動物園が本来あるべき〝学びの場〟としての姿を取り戻すための最善の策になるとも言えるでしょう。

公立の動物園が率先して取り組むことは、この国の行政が真剣に動物福祉に向き合う姿勢を打ち出すことにもなります。それは民間業者の、そして社会全体の意識の向上にもつながっていくはずだと、私は思うのです。

●Evaがつくった『動物園チェックシート』

私は動物福祉啓発活動の一環として、子どもたちに向けた講演やワークショップなども行っています。そうした場では、ペットショップで起きている問題、動物の殺処分の問題、保護犬・保護猫の問題などと併せて、「動物園」についての話もします。動物園の柵のなかで暮らす動物たちは幸せなのか。動物の気持ちになって考えてほしいと。

その際、子どもたちにはEvaで作成した『動物園チェックシート』を配っています。シートには、

●動物の身体に傷跡はありませんか？
●自分の尾を噛んでいませんか？
●不自然に首を振っていませんか？
●人間や仲間から身を隠す場所がありますか？
●360度から人の目に晒されていませんか？

動物園チェックシート Check sheet

動物の見た目

病気で体がつらそうではないですか
- ・ぐったりしている
- ・呼吸が荒い
- ・フラフラしている
- ・けいれんしている
- ・意識がない

傷から血が出ていたり、体に傷あとがある場合は、今いる場所で動物がケガをしやすくなっています。
爪が伸びすぎてないか、被毛（毛）がはげてないか、できものが出来てないかチェックしましょう。

あばら骨やお尻の骨は浮き出ていないですか？

動物の行動

狭いスペースや単独（又は群れ）飼養など、本来その動物が暮らす環境に適してない場所での長期間に渡る飼育は、異常行動を引き起こします。中でも同じ動作を反復して繰り返す行動を「常同行動」と言います。
- ・柵咬み
- ・柵なめ
- ・ペーシング行動
  （同じ場所を同じ速度で行ったり来たり歩く）
- ・ロッキング行動（左右に揺れ続ける）
- ・首曲げ（不自然に首をそらせる）
- ・自分の嘔吐した物を食べる
- ・糞を食べる、尿を飲む
- ・首振り（首や足を左右に振り続ける）
- ・横揺れ
- ・過剰な毛づくろい（自分の毛を引き抜く、食べる）
- ・自傷行動（尾を噛む、体の同じ場所をなめ続ける）
- ・旋回（ぐるぐる回り続ける）

サーカス的パフォーマンス

動物にサーカス的パフォーマンスが要求されてますか？

適切な社会環境

単独で生きる動物か群れで生きる動物か？

ホッキョクグマやトラ、ヒョウなどネコ科の動物は、ライオンを除き単独が多いです。
一方、サルやゾウは群れで生活する動物です。一頭で飼育されていたらとてもストレスを感じます。
動物園に掲示されている各動物の説明を読んでみよう。

空間の広さ

ぎゅうぎゅうに入れられていないか？
狭いところに入れられていないか？

1日何キロも歩く動物にとって狭すぎる空間は、ストレスです。またその場所で、その動物種が自然な行動（羽を広げたり、飛んだり、登ったり、泳いだり）が出来ていますか？

地面

動物が置かれている場所の75%は土（腐葉土やオガクズ）などの柔らかい地面ですか？自然界ではコンクリートの上に動物はいません。
WAP(世界動物保護協会)の査察規準によると100%コンクリートの地面の展示は即刻「失格、評価するまでもない」とされています。

動物のいる場所は、水はけがいいですか？水はけが悪いと動物のためにも衛生面でもよくないです。

穴掘りする習性を持つ動物は、穴掘りを自然にできていますか？

僕はダンスを踊っているんじゃないよ。狭い所で一人ぼっちがつらいんだ。みんな気づいて！

設備

動物が使える道具、家具、遊具がありますか？

- ・遊具が動物の体にぶつかっていませんか？
- ・その遊具は壊れていませんか？
- ・その遊具はサビていませんか？

人間や同じ仲間から隠れることができますか？おとなしい性格、臆病な性格、動物の性格もそれぞれです。人の目や強い性格の仲間から逃げられる場所はありますか？

真夏の日差しや雨風、台風などの強風、そして真冬の寒さから、動物が自分の意志で避難することができますか？

奥の待機室に自由に出入りできますか？

上からそして360度から人間の目にさらされていないですか？私たち人間も知らない人からじっと見られたら怖いです。動物も同じです。

みなさんが行く動物園の動物がどうだったかチェックしてみましょう。
家族や仲間に会いたくても、毎日がつまらなくても、仲間にいじめられても、暑くても寒くても、もっと広いところを歩いたり走ったりしたくても、痛くてもかゆくても、動物は私たち人間のように、何かをしたい何かが欲しいという欲求を自分で伝えられないのです。人間のために遠いふるさとから連れて来られた動物の気持ちになって、ぜひ動物の様子をチェックしてください。チェックが終わったら、動物園の飼育員さんに、少しでも動物が置かれている環境が良くなるようお話ししてきてください。

●動物がいる場所（地面）はコンクリートですか？
●サーカスのように動物に芸をさせていませんか？
といった「動物の見た目や行動」や「動物の飼育環境」に関する項目があります。子どもたちや親御さんには、「動物園に行ったらぜひチェックしてください。チェックシートに記入したら、動物園の飼育員さんに渡して、少しでも動物が置かれている環境がよくなるようにお話ししてください」とお願いしています。

可能ならば動物園に行く人みんなに配りたい。来園者には入り口でチケットと一緒にこのチェックシートも渡したいくらいです（さすがに動物園側は難色を示すでしょうが）。

子どもにも大人にも、「動物がかわいい」という発想から一歩踏み込んで、動物たちの気持ちになって動物の様子を見てほしい。動物園という場所について考えてほしい。来園する子どもたちが厳しい目でチェックしていることを動物園側に伝えるのも、動物たちの環境を改善し、環境エンリッチメントを推進するための大きな力になるはずです。

●「孤独な象の死」に学ぶべきこと――映画『はな子さんからのメッセージ』

日本の動物園が抱える問題に切り込んだ、みなさんにもぜひ見ていただきたい映画があります。動物ジャーナリストの佐藤榮記さんが監督したドキュメンタリー映画『はな子さんからのメッセージ』（2017年公開）という作品です。

2016年5月、東京都武蔵野市の井の頭自然文化園で61年間にもわたって飼育されていたアジア象のはな子がその生涯を閉じました。生前からはな子のもとに通い詰めた佐藤監督が自らカメラを回し、その様子を、その姿を、そして来園者が知らなかった事実を取材して、ドキュメンタリー作品にまとめ上げたのがこの作品です。

終戦後の1949年、タイから寄贈されて2歳で来日したはな子は、日本復興のシンボル的存在として全国各地の動物園を回り、1954年からは井の頭自然文化園で飼育されていました。

この映画に記録されているのは、そんな人気者としてのはな子の姿ではありません。2歳という幼い頃に群れから離され、ひとりぼっちで日本に連れてこられた〝彼女〟が、どんな思いで長く孤独な生涯を過ごしてきたのか——それを彼女自身の目線に立って代弁した悲しみの記録、そして問題提起の記録なのではないか、私はそう思っています。

サバンナで群れをなして1日に何十キロも移動しながら生活する野生の象にとって、ほんの数秒もあれば行き来できてしまうコンクリート張りの飼育スペースが、どれほどはな子の生態にそぐわない環境だったのか。

群れで暮らすのが本来のメス象のはな子を、なぜたった一頭で生活させたのか。狭い動物園のなかで一度も他の象を見ることのなかった暮らしが、はな子にとってどれほど孤独で寂しいものだったのか。シンプルな映像とあえて感情を抑えたナレーションが、見るものに多くを問いかけてきます。

私がこの映画を見てすごく印象に残ったのは、監督が投げかけたある問いかけです。

「はな子さんをバックに撮影した記念写真を見ると、はな子さんはいつもカメラにお尻を向けていませんか？——」

なぜ、はな子がカメラにお尻を向けるのか——その問いへの答えが映画のなかで語られます。

実は、はな子が暮らしていた象舎のコンクリートの床は、雨水が溜まらないように、柵側に向けてわずかに傾斜してつくられていました。固いコンクリートの床の上で大きな体のバランスを保つために、はな子は常に、斜面の上側に前脚を置いて踏ん張って立っていたのではないか。だからいつも来園者に対して後ろ向きになっていたのではないか。そう考えられるのだそうです。亡くなった後の解剖で、はな子の右の前脚はひどい関節炎になっていたことも判明しています。

「せっかく記念撮影したのに、はな子はこっちを向いてくれなかった」と思うのは、人間の理屈。はな子が後ろ向きになるのは、人間が押し込めた住み処のなかで、少しでも楽な姿勢を維持して苦痛を軽減するための、必死の自己防衛策だったのです。

映画ではヨーロッパの動物園にある広大な象舎の航空写真が紹介され、はな子が〝閉じ込められた〟スペースがいかに狭く、窮屈なものだったのかも検証されています。

故郷から遠く離れた見知らぬ土地で、大きな体には到底見合わない狭いコンクリート施設のなかで、ただ歩き回るしかない暮らし。動物園での苦痛は、殺したり意図的に傷つけたりといった積極的な虐待よりも長期にわたって続くものです。61年もの長い年月を、仲間もいないまま、たった1頭で過ごさざるを得なかったはな子。孤独と苦痛、苦悩に満ちていたであろう彼女の生涯こそが〝はな子さんからのメッセージ〟なのだと、佐藤監督は訴えています。

動物園の是非に限った問題ではありません。この社会全体が、人間と動物が共に幸せに暮らせる〝正しい共存関係〟の構築に真摯に、真剣に、徹底的に向き合わなければいけないのだと、この映画は気づかせてくれます。

私も講演会の会場などではできるだけこの作品を上映して、そのメッセージにどんな答えを出すべきかを考えていただく場を設けるように努めています。ただ、この作品は上映時期や上映場所なども限られているため、なかなか見る機会がないかもしれません。もしその機会があったときには、はな子さんからのメッセージをどう受け止めるのか。そのメッセージにどう答えるのかを、ぜひ考えていただきたいと思います。

今後、この映画が上映される際には、佐藤監督のホームページにその詳細が掲載されるとのこと。ぜひ監督のホームページをチェックしていただきたく思います。

http://eikisatoanimallove.mystrikingly.com/

第4章

人間のために失われる〝命〟に感謝と尊厳を
——アニマルウェルフェア

●畜産動物、実験動物という「崩せない牙城」——法改正でも置いてけぼり

人間の都合によって尊い命を、健康を、本来の暮らしを犠牲にされているのは、悪質なペット業界や心無い飼い主、未成熟な動物園の動物たちだけではありません。

日本の動物愛護法の適用対象となる動物は、

・愛玩動物——家庭などで飼育されている動物＝ペット
・展示動物——動物園、水族館、ふれあい動物園、移動動物園、テーマパークに展示される動物
・産業動物——畜産などの産業用に飼養されている動物（哺乳類と鳥類）
・実験動物——教育や研究、薬剤製造などの実験のために飼養されている動物

の４つに分類されます。

動物愛護法の正式名称は「動物の愛護及び管理に関する法律」、つまり、これら４つのジャンルに定義づけられた動物が〝人間の管理下にある〟とされているのです。

愛玩動物や展示動物の問題については近年メディアでも取り上げられる機会が増えて

います。報道されることでその事実を知った多くの国民が心を痛め、何かをするべきだと声を上げる人たちも増えてきました。こうした風潮が生まれてきたことは大きな進歩であることは確かな事実です。

しかし、残る産業動物（畜産動物）と実験動物に関しては、そこに存在している問題がほとんど見えてきません。法律の実効性や運用の不備の改善など大幅に進展した今回の法改正でも、実験動物・畜産動物に関する諸条項に目を向けると、法的規制は数えるほどしか存在せず、いまだに〝ほぼ手付かず〟の状況です。そのため、動物愛護法は事実上、展示動物と愛玩動物のための法律、ペットのための法律になってしまっているという側面があります。

動物を食することで命を維持し、動物実験によって製造された薬によって健康な生活を送る――。私たちすべての人間の生活に深く関わり、もっとも利用されている動物たちが〝置いてけぼり〟になっているのが現実なのです。

なぜそうしたことになってしまうのか。そこには、ペット業界以上に大きな〝利権〟や〝しがらみ〟が存在しているからです。

例えば、畜産動物。畜産族と呼ばれる政治家の人たちに言わせると、

「畜産業で動物愛護、動物福祉なんて言い出したら、人間は牛も豚も鶏も食えない」

「そんなに規制ばかりしたら、海外の畜産品が入ってきて、日本の畜産業が衰退する」

「経済の仕組みがおかしくなる」

という理屈しか出てきません。私たちは「動物の苦痛を軽減できるような法律にしてください」と訴えているのであって、決して「肉を食べるな」とか「牛を殺すな」と言っているわけではありません。でも、法律を変える＝利権に影響が出るかも、というだけで拒絶反応が出てしまうわけです。


畜産族議員やそこに結びつく畜産業界にすれば、法律が変わって規制が強まることで利権のうまみが減るのは一大事です。それを恐れるがゆえに、法律は今までどおりがいい、改善なんてしなくていいとなり、法改正にも横やりを入れてくる。それが私たちにとっての巨大な〝抵抗勢力〟になっているのです。

実験動物にしても同様、いやこちらのほうがもっと根が深いかもしれません。動物実験の業界というのは、医薬品から食品、化粧品、日用品に至るまで関係のある業界が非

常に広く、多岐にわたっています。そのため、生まれる利権やしがらみも相当な規模になっているのは間違いありません。医薬品だけをとっても、医系議員をはじめ、製薬会社に医療機器メーカー、医療施設や医師、獣医師――さまざまな業種業界が絡んでいます。そうした立場の人は、法律によって動物実験に規制がかけられることをすごく嫌がるわけです。

畜産動物の実態や動物実験の闇については後述しますが、こうした抵抗勢力の強硬な反発が、法改正、法改善への道を塞ぐ大きな障壁になっているのです。

さらに言えるのは、私たち国民が、畜産動物や実験動物が置かれている状況や環境、強いられている苦痛やストレスといった事実を知らない。知る機会が圧倒的に少ないということ。とくに実験動物の存在は、一般的には消費者の目に届きません。それゆえ、どうしても関心が薄くなってしまうのです。

でも、私たち国民が真実を知らずして、実情に疑問を持たずして、そのことに声を挙げずして、腰の重い国会議員が動くはずもありません。法律が変わるはずもありません。

食肉になる動物の福祉は守られているの？　この化粧品が安全とされているのはなぜ？——日常生活のなかで、そうした疑問や違和感を持つ人たちが増えなければ、畜産動物や実験動物たちを隠された悲劇から救うことは難しいでしょう。

ですから、何よりもまず知ること。関心を向けること。私たちが最初にすべきはそれなのです。私がＥｖａで行っている講演活動も、こうした本の執筆も、なかなか一般の目に触れないけれど、でも密かに苦しんでいる動物たちがいることを知ってもらうためです。人間のために、人間のためだけに、傷つけられ、苦しめられ、失われていく命があることを知ってもらうためです。

畜産動物や実験動物に対しても福祉の意識がしっかりと根付くように、みなさんもぜひ関心を持っていただきたいと思います。

●動物ファーストの畜産を——アニマルウェルフェアを知っていますか

「アニマルウェルフェア」という言葉をご存じでしょうか。直訳すると「動物福祉」となるのですが、この言葉は「動物の立場に立って考え、苦痛やストレスを最小限に抑え、動物本来の生態や行動欲求が満たされる飼育方法を目指す畜産の在り方」を指しています。

もっと簡単に言えば、「動物にやさしい〝動物ファースト〟の畜産」ということ。

この概念は、１９６０年代にヨーロッパで生まれたものです。そして当時のイギリスでは、畜産動物が置かれている劣悪な飼育管理を改善させるために、以下の「５つの自由」という原則が定められました。

①飢えと渇きからの自由（十分な栄養の餌ときれいな水が与えられているか）
②不快からの自由（清潔で、安全で快適な環境で飼育されているか）
③苦痛、障害、疾病からの自由（ケガ・病気の予防や適正な治療は行われているか）
④恐怖や苦悩からの自由（精神的な苦痛やストレスにさらされていないか）
⑤正常な行動の自由（十分な広さの飼育空間や適正な生態行動が維持できているか）

この「５つの自由」は、アニマルウェルフェアが客観的に満たされているかを判断するための国際標準的な指標として現在でも広く浸透しています。海外、なかでもヨーロッパでは、こうしたアニマルウェルフェアの意識が高く、こうした指標に則って、畜産動物の心身の健康を維持しながら飼育するための積極的な取り組みが行われています。

また、そうした国々では、アニマルウェルフェアは畜産動物だけでなく、ペットショップの犬猫や飼い主のもとで暮らす動物、そして実験動物と、あらゆる動物との向き合い方の基本となっているのです。

一方、日本はどうか。農林水産省は、「アニマルウェルフェアの考え方を踏まえた家畜の飼養管理の普及に努めている」と表明はしています。しかし、その取り組みはお世辞にも進んでいるとは言えず、海外にかなりの後れを取っているのが実情です。

顕著な例があります。2020年に開催される東京オリンピック・パラリンピック競技大会を2年後に控えた2018年8月、ロンドン五輪や平昌五輪のメダリストらが五輪組織委員会や東京都に対して、大会で食材として使われる畜産物のアニマルウェルフェア的な基準が世界レベルに比べて低すぎることに抗議、改善要求の声明を出したことが話題になりました。

オリンピック・パラリンピック大会（以下、五輪大会）が開催される際には、選手村や競技会場で供される食事に使われる肉や魚、卵、野菜といった食材の調達に大会ごとの「基準」が設定されます。とくに２０１２年のロンドン五輪以降、その調達基準のメインに掲げられ続けているのは「持続可能性」というテーマです。具体的には乱獲した魚介類は使わない。森林伐採や環境破壊につながる方法で収穫された穀物や野菜は使わない。そして苦痛を与えるような方法で飼育された牛・豚・鶏などの肉や鶏卵は使わない――といったこと。つまり、五輪大会で使われる食材の生産方法や収穫プロセスには、〝今食べられているもの〟ということだけでなく、アニマルウェルフェアをはじめ、地球環境や生態系などまでを含めた〝未来〟に悪影響を与えない配慮が求められているのです。

今回のメダリストらによる抗議は、東京大会で使われる畜産物、なかでも豚肉と鶏卵に対するアニマルウェルフェア的基準があまりに不十分なことが問題視されたわけです。

畜産動物が健康かどうかは、イコールその動物の肉や卵が安全であるかどうかに直結します。そして自分が口にする食材が、自分の体の健康に直結する。安全なものを食べることが高いパフォーマンスの発揮につながるのは、疑いようのない事実です。

アスリートたちの要望は、鶏や豚について、健康状態やストレスに悪影響のある方法で飼育された鶏卵や豚肉の使用を禁止するというもの。鶏卵ならば狭い檻に閉じ込めるケージ飼育した鶏でなく、屋内外を自由に歩き回れる放牧、もしくは屋内の鶏舎を歩き回れる平飼いでの飼育（ケージフリー）による鶏の卵を使用する。豚肉は、妊娠した母豚を身動きが取れない檻に拘束して出産させる「妊娠ストール飼育」でなく、自由に動き回れる環境での出産（ストールフリー）にする、というものです。

しかし大会組織委員会はそれらに難色を示しており、最終的に調達基準が改善される見込みは低いと考えられます。

２０１２年のロンドン、２０１６年のリオと、過去2回の大会では、鶏卵はケージフリー、豚肉はストールフリーという調達基準を守ってきましたが、今回の東京大会でその評価すべき取り組みの連鎖も途切れてしまうでしょう。こうした出来事からも、いかに日本という国がアニマルウェルフェアを軽視しているか、その意識の浸透が遅れているかを伺い知ることができます。

●日本はアニマルウェルフェア後進国――大量生産の陰で苦しむ畜産動物たち

では、なぜ日本ではアニマルウェルフェアが進まないのでしょうか。

日本の畜産業がアニマルウェルフェアへの取り組みに向き合えないのは、そこに経済優先、利益優先という発想が横たわっているから。そして、そのために大量生産・大量流通が求められているからです。

焼肉やしゃぶしゃぶの「食べ放題」に、安さとボリュームがウリのステーキ店。ハンバーガーに牛丼にとんかつに、焼き鳥にフライドチキンに唐揚げに――。今や、低価格でたくさんの肉が食べられるのが当たり前の時代になっています。

食べたいときに食べたい肉を、食べたいだけ、しかも安価で食べられる。こうした大量消費の需要を満たすためには、それだけの「肉」の供給が必要になります。それだけ食肉用の牛や豚が必要になってくるのです。

そうなると、生産性や効率性を最優先した〝工場型〟の畜産システムでなければ生産が追いつきません。結果、そこでは多くの畜産動物たちがアニマルウェルフェアとは真逆の飼育環境を強いられることになります。

そして、一般的にはあまり知られていませんが、そうした工場型システムにおける動物たちの飼育環境は〝筆舌に尽くしがたい〟ほど劣悪なものなのです。

例えば、養豚。日本の養豚場の場合、ほとんどの豚たちは一生をその施設のなかで生まれ、過ごし、食肉に加工されていきます。

食用肉となる豚を繁殖させるために飼育されている母豚は「妊娠ストール」と呼ばれる狭い檻に閉じ込められます。身体の向きも変えられず身動きさえままならない檻のなかに〝拘束〟され、自由を奪われたまま、子豚を産み続けるのです。同じ体勢で居続けるという精神的ストレスから目の前の柵を舐め続けたり、口をモグモグと動かし続けたり、前足で柵をかいたりといった常同行動が増えます。

豚は本来、寝ているときと泥浴びをしているとき以外は、ほぼ1日中、草やどんぐりや果実などを探して歩き、食べ続けます。餌を探して見つけては食べる、見つけては食べる。これが豚の生態なのです。ところが妊娠ストールに閉じ込められ、一気に餌を与えられ、それを一気に食べてしまったら、あとは何もすることがなくなってしまいます。

食べたくても食べられない。探しにも行けない。だから目の前にある柵を噛んだり舐めたりするか、口をモグモグするしかないのです。

また出産間近のお母さん豚には、草などを集めて、前足でかいて巣作り行動をする習性があります。しかし妊娠ストールに入れられた豚は草を集めることもできません。その行動欲求が、目の前にある柵に向かって前足で草をかき集めるような動きをするという異常行動となって表れるのです。また肉体的にも足腰は弱って骨も脆くなり、体中に〝床ずれ〟のような傷やただれができるなど、その苦痛は想像を絶するものでしょう。

さらに生まれた子豚にも苦痛とストレスの日々が待ち受けています。母豚からは１カ月ほどで引き離され、やはり小さな檻の中にとじ込められます。本来、好奇心旺盛な子豚ですが、それを満たすような行動などとれるはずもありません。

さらに子豚たちは生まれてしばらくすると「豚舎のなかでお互いを傷つけ合わないように」という理由のもと、ニッパーという工具で歯を切断されます。次に「ほかの豚と噛みつき合わないように」と尻尾を切断され、オス豚の場合はさらに、「肉に臭いが付かないように」と去勢されます。しかも、ふぐりと呼ばれる陰嚢を切開して睾丸を取り出し、引きちぎるという方法で。

歯や尻尾の切断も、オス豚の去勢もすべて麻酔なしで行われ、豚たちは断末魔のような激しい叫び声をあげると言います。こうした処置後に死亡する豚も少なくありません。

同じようなことが養鶏の現場でも行われています。

日本の養鶏場で飼育されている鶏たちのほとんどは、バタリーケージという身動きが取れない狭いケージに詰め込むように押し込められ、そこから出ることも許されずに過ごしています。人間で言えば通勤ラッシュの満員電車のなかで一生過ごすようなもの。そう考えれば、どれほど悲惨な状況かがわかるはずです。

また豚と同様に、過密飼育のなかでお互いをつつき合うの防ぐために鶏たちはヒナのときにくちばしを切断されます。もちろん麻酔なしで。

鶏たちはそんな苦痛とストレスだらけの環境で、ただひたすら卵を産み続け、食肉に加工されるときを待つ日々を送っているのです。

畜産動物たちは、「安価な肉や卵を食べたいだけ食べる」という人間の欲望と都合のために、劣悪な環境での飼育を強いられ、さまざまな形で苦しめられている――。ヨーロッパではEU全土で豚の妊娠ストール飼育が禁止されるなど、欧米諸国ではこうした虐待的な環境での畜産動物の飼育は厳しく規制されています。しかし日本では、いまだにアニマルウェルフェアに逆行するような畜産がまかり通っているのが現実なのです。

●高級な霜降り和牛の美しい〝サシ〟は、牛の苦しみの象徴

赤身の間に網の目のように入った脂肪（サシ）が特徴の霜降り牛肉。日本独特とも言われ、「高級」「おいしい」「見た目にも美しい」というイメージで根強い人気があります。

しかし霜降り牛肉の美しいサシは、実は、牛の〝苦しみの跡〟でもあることを知っている人は少ないと思います。

よく「A5」「B4」「C3」といった牛肉の格付け基準を耳にします。A、B、Cは「生体から取れる肉の割合」、つまり「どれだけ効率よく肉がとれるか」を表す指標。1頭からたくさんとれた肉のほうが、ランクが高くなります。5～1の数字は、肉の霜降

りの度合い（サシの入り具合）や色、光沢などの指標です。つまり、この格付けは「美味しさ」を保証するものではないのです。

牛肉の市場価格は、そのサシの入り具合で決まると言われ、酪農家の多くは、高値で取引される細かなサシがたくさん入った霜降りの牛を育てようとします。

そこで行われるのは、「強制的にサシを入れて霜降りにする」という肉牛飼育です。具体的には、サシとなる脂肪分を大量に蓄えさせるために、ビタミンを多く含む牧草などの餌ではなく、穀物中心の飼料ばかりを与えて無理やり〝太らせる〟のです。

その結果、体ばかり太って歩けなくなったり、足の関節が腫れて歩行に障害が出たり、糖尿病のような状態にビタミン不足が重なって盲目になったりする牛が出てきます。当然、内臓疾患や皮膚疾患などにもなりやすく、その予防のために大量の薬を投与されることにもなります。

消費者からの人気も、市場での格付けも高い「高級霜降り和牛」を出荷するために、牛をわざわざ病気にさせるような飼育が行われていること。それが実態なのだということを、私たち消費者はもっと知るべきだと思います。

実は、ヨーロッパでも霜降り牛とよく似たケースがありました。対象となったのは世界三大珍味のひとつとして知られるフォアグラです。フォアグラとは肥大したガチョウの肝臓のこと。ガチョウやアヒルに無理やり大量の餌を食べさせ、その肝臓を脂肪肝状態にする強制給餌（ガヴァージュ）と呼ばれる方法で生産されます。

ただ、フォアグラになるのはオスのみで、フォアグラに不向きなメスは人工ふ化後すぐに捨てられてしまうといいます。またオスは無理やり餌を食べさせられ続け、嫌がって吐き出した嘔吐物によって窒息死するケースも少なくないのだとか。こうした生産の実態を受けてヨーロッパでは１９９０年代に、その生産方法が動物虐待に当たるという批判が高まり、強制給餌を規制したり禁止したりする動きが生まれてきています。

畜産動物への虐待の疑いに対して、社会問題として迅速に批判やバッシングの声が上がるヨーロッパ、その実態がなかなか社会に知らされず陰で続けられていく日本。アニマルウェルフェアの意識の成熟度の違いが、こうしたところにも表れているように思えます。

●生産者が動物ファーストに踏み切れない「コスト」の問題

もちろん日本にも、まだ少数派ではありますが、アニマルウェルフェアに配慮した畜産の実践に取り組んでいる良識ある生産者の方々はいます。

例えば、北海道八雲町にある「北里大学獣医学部附属フィールドサイエンスセンター八雲牧場」では肉用牛を牛舎で繋ぎ飼いせず、牧草地で放し飼いしています。

八雲牧場では、気候のいい5月から10月までの間、広大な牧草地に放牧された牛たちは、気の向くままに移動しながら天然の牧草だけを食べて育ちます。そこでは「牛が牧草を食べる→排泄する→排泄物を地中の微生物が分解する→草地の養分になる→牧草が茂る→牛が牧草を食べる――」というサイクルで飼料を循環させることで自給しているため、購入した穀物飼料は使われません。

牧草地が雪に覆われる冬は牛舎に入れられますが、十分なスペースが確保されているため牛は自由に動き回ることができ、餌も夏季に牧場に生えた牧草を発酵させた飼料が与えられます。

「北里大学獣医学部附属フィールドサイエンスセンター八雲牧場」を視察
（2018年10月）

繁殖は人工授精と自然交配によって行われます。出産する際は、母牛が自分で人から見えにくいところを選んで移動し、そこで子牛を出産して連れて帰ってくるのです。動きが取れない繋ぎ飼いの牛舎では、骨も筋肉も衰えてしまうため、人間が介助して子牛を引き出さなければ出産できません。しかし八雲牧場の牛は放牧地や牛舎内で歩いて育てられるため足腰が強く、分娩介助の必要はほとんどないといいます。

生涯を通じて「好きなときに、好きなだけ食べなさい、どこにでも行きなさい」という、牛にとって非常に快適な環境下での飼育を実現させている八雲牧場の取り組みは、アニマルウェルフェア畜産の典型といえるでしょう。

また養鶏家のなかには、狭くて不健康な従来のバタリーケージではなく、ヨーロッパやアメリカでも急速に普及している「エイビアリーシステム（直立多段式ケージフリー）」という鶏舎を導入するといった取り組みをされている方もいらっしゃいます。

このエイビアリーシステムは広大な鶏舎のなかに止まり木のある休息エリア、給水エリア、卵を産むエリア、運動エリアなどを設け、鶏が自由に移動することで行動欲求を満たすという、鶏本来の生態を最大限に再現しながら飼育するというもの。糞もベルトコンベアで鶏舎の外に排出されるため常に衛生的な環境を維持できるなど、優れた飼育環境を実現できるといいます。

私たちも視察に行きましたが、その養鶏家の方が育てた鶏は活発で生気に溢れていて健康そのもの。みな活発で体格もよく、元気で大きな声で鳴き、なかには砂浴びをしている鶏もいました。長靴の甲の上に乗ってくる鶏もいて、長靴をついばむ力も強く、健康に育っていることがうかがえます。本来の生態行動ができる環境で飼育することの大切さを実感しました。そして、その鶏が産んだ卵をいただいたのですが、そのおいしいこと。畜産では飼育環境が品質に直結していることを改めて痛感したことを覚えています。

ただ、その養鶏家の方はこうも言います。「このシステムで生産する卵は、どうしても価格が高くなります。でも、そうしなければ採算が取れない。こうした鶏舎を増やしていきたいけれど、お客さんに買ってもらえなければそれも厳しいんです」と。

オーガニック農法の野菜や穀物が、品質は良くても価格の高さゆえになかなか売れないのと同様に、アニマルウェルフェアにきちんと対応した動物の飼育を実践しようとすると、畜産物の生産コストの上昇、ひいては生産物の市場価格の高騰を避けられない。

動物の飼育方法に疑問を感じ、動物の苦痛に心を痛めながら、でも現実問題としての経済的事情もあってアニマルウェルフェアにシフトチェンジできない。そうしたジレンマを抱えている生産者は少なくないはず。実際に、私のインスタグラムやブログにも、そうした悩みや葛藤の声が寄せられています。

ヨーロッパではそうした状況を見越して、アニマルウェルフェアを遵守している畜産農家に対して、ＥＵから補助金を出すなどの措置が取られています。日本が畜産業のアニマルウェルフェアへと方向転換に本腰を入れるのであれば、そうした事例を見習って、行政レベルでの経済的サポートも検討されて然るべきでしょう。

実際問題として、アニマルウェルフェアへのシフトチェンジが、現場で実践する生産者にとって大きな負担になることは間違いありません。しかし、そこで意を決して、動物たちのために一歩を踏み出した生産者の勇気が、経済的にも報われるようなシステムを模索しない限り、この国の畜産は、動物ばかりにしわ寄せがいく飼育・生産モデルから脱却できないのではないでしょうか。

●「食の安全」からアニマルウェルフェアを考える

快適な環境下で飼養することでストレスや疾病といった畜産動物の苦痛を解消するアニマルウェルフェアは、動物福祉の面だけでなく、「安全な畜産物」の生産にもつながっていきます。

例えば鶏は本来、1日の大半を、餌を探して地面を突きながら歩き回ることに費やします。そして歩き回りながら羽を広げて日光を浴びることで体に付いた寄生虫を落とし、健康を保っているのです。

ところが鶏舎のなかにすし詰め状態で過密飼いされた鶏はどうか。安価で大量流通させる鶏肉となる鶏たちは、少しでも多く肉を取るために急激に大量の餌を与えられ、無理やり太らされます。体ばかり大きくなる上に、狭いケージで運動もできないため骨が脆くなり、ついには自分の体重を支え切れなくなって脚が折れてしまう鶏もたくさんいます。

そうした状況下では体力が落ちて抵抗力もなくなるため、病気にもかかりやすくなり、結果、抗生物質を乱用することになります。

また外で日光に当たる機会がなく、自然に寄生虫を追い払うことはできません。そのため、代わりに毎月、体中に消毒剤や殺虫剤を浴びせられるのです。

無理やり不自然に太らされ、抗生物質や消毒剤、殺虫剤まみれにされた鶏が健康な状態でいられるはずがありません。そして、そうした不健康極まりない環境で生産された鶏卵や鶏肉が、それを口にする人間の健康にいいはずもないのです。

事実、不健康な鶏が産んだ卵は殻が薄く、ちょっとしたことですぐに割れてしまいます。本来、鶏にとっての卵の殻は、種の保存という意味でも非常に大切なもの。それがペラペラに脆くなるほど体が弱っているとも言えるでしょう。

こうした実態は鶏に限らず、牛や豚の飼育においても同じことです。効率的に大量に畜産物を生産するために、人為的に成長を促進させるために、不適正な環境が原因の病気への予防対策のために、畜産動物たちにはさまざまな化学薬剤が投与されます。それが畜産物を介して私たち人間の体にも入ってくるわけです。

例えば、抗生物質。抗生物質を多く投与された畜産動物の肉を食べ続けると、知らず知らずのうちに人間の体内にある耐性菌が増加してしまい、いざ病気になったとき、治療に使われる抗生物質が効かなくなるというリスクも指摘されています。

不健康なものを生産し、それを食べて不健康になる。欲望ベース・経済ベースの大量生産・大量流通・大量消費という畜産システムを維持するためだけに、人間も動物も、どちらもが「健康を犠牲にする」――。重大なリスクと引き換えに成立するこんな不条理な畜産の在り方を、そろそろ改めるべきではないでしょうか。

生態に合った環境で大切に飼育されれば、畜産動物は心身共に健康に育ちます。無理に成長させられること、薬漬けにされることもない。満ち足りた飼育環境から生まれた健全な畜産物は、それを食べる人間にとっても安全である――誰もが簡単に理解できる道理です。そして、この国のみなさんの健康が守られれば、増え続ける医療費の削減にもつながるはずです。

動物愛護・福祉への入り口が「自分の食と健康」であってもまったくかまいません。自分や家族が毎日食べる物に気を遣うことが、結果としてアニマルウェルフェアの向上につながり、自然に、動物の幸せに配慮した生き方に行き着くのですから。

●消費者の意識が動物を救う——安さを取るか、「やさしさと健康」を取るか

近年、健康志向の飲食店や食品販売店では、「ストレスフリーで飼育された鶏の卵です」「放牧で育てられた健康な豚です」といったアニマルウェルフェアに配慮された食材であることを表示するところも現れてきています。

ただ有機野菜などと比べても、やはり「アニマルウェルフェアの食肉や鶏卵、乳製品は高価」なのもまた事実です。

先にも触れたエイビアリーシステムの鶏舎のように、アニマルウェルフェアに配慮し、動物にやさしい畜産を実現するには相応のコストがかかります。それが市場での販売価格に跳ね返り、通常の工場式畜産で大量生産される畜産物よりも高価になってしまうのは現状では致し方のないこと。

そう考えると、動物にやさしい畜産＝アニマルウェルフェアの意識が社会に根付くためには、消費者の意識が大きなカギを握ることになります。「動物を苦痛から救えるの

なら、多少価格が高くなるのは仕方がない」「アニマルウェルフェアの製品ならば、値段が高くても買おう」と思えるか。「自分や家族の健康のために、健康的な環境で生産された高価なものを選ぼう」と思えるか。

市場でアニマルウェルフェアに配慮した畜産物への需要が高まれば供給も増え、供給が増えれば価格も抑えられる。需要が増えれば、生産者の利益も増え、その分だけ設備投資もできる。その結果、動物にやさしい飼育環境が整えられ、まともに扱われる動物が増える。こうしたプラスのスパイラルを構築していくことが、アニマルウェルフェアを日本の畜産のスタンダードにするための近道でもあるのです。

私自身も、動物問題と向き合ってきたなかで、畜産におけるアニマルウェルフェアの大切さに気づき、消費行動が大きく変わりました。買い物をしていても「この肉は、この卵は、どういう環境で飼育されてここにあるのか」を意識して購入する。価格が安いからと安易に飛びつくのではなく、安さの理由を考えてみる。動物にやさしい飼育環境であることがわかれば、ある程度値段が高くても「ただ単に高価な、ぜいたく品」とは別物なのだと思うようになりました。また、そうした畜産物は味も格段においしいこと、自分の体にも良いことを実感でき、安心していただけることにも気づいたのです。「安さと飽食」よりも「動物へのやさしさと健康」を優先するか。「動物へのやさしさと健康」に目をつむっても「安さと飽食」を取るか。

アニマルウェルフェアは畜産業界だけの問題ではありません。真摯にアニマルウェルフェアに取り組んでいる生産者の方々が、その取り組みを持続できるように、そうした生産者の方々がもっともっと増えていくように。そのためには、私たち消費者にも小売店にも畜産業界の実情を理解し、動物たちの置かれた実態について正しい知識を持って応援・支援していくことが求められます。そうした消費者一人ひとりの意識が、結果として畜産動物たちの環境を変えていくのです。

●アニマルウェルフェアは「環境問題」にも直結する

畜産動物を苦しめている肉や卵、乳製品などの大量生産・大量消費を見直し、「健康に育てられた良いものを、必要な分だけいただく」という風潮に変えていく――。アニマルウェルフェアとは、言うなれば「動物へのやさしさ」です。

そして動物へのやさしさは、自分へのやさしさだけでなく、地球環境へのやさしさにもつながっています。

例えば、先にも紹介した北海道八雲町の「北里大学獣医学部附属フィールドサイエンスセンター八雲牧場」が採用している「自給飼料100%」。これは余剰窒素の発生を減らすという観点からも環境にやさしい取り組みといえます。

空気中の窒素ガスと水素を反応させて合成アンモニアをつくり出す「窒素肥料」の多用もまた、環境に負荷をかける余剰窒素を産む要因になっています。

日本の畜産で使われる飼料は、その8割近くが海外から輸入される窒素飼料です。つまり畜産のために海外から大量に窒素を輸入していることになります。大量に輸入された飼料に含まれる窒素は、それを食べた動物たちが排泄する糞尿から環境中に放出されますが、その量が増え過ぎると余剰窒素となって蓄積され、それが悪臭や水質汚染、土壌汚染といった環境破壊を招くことが問題視されています。

また、窒素飼料そのものの安全性についても疑問視されている部分があります。例えば、窒素の多すぎる肥料を使って栽培した野菜は、置いておくと〝溶ける〟のだそうです。普通なら水分が抜けてしおれてくるのですが、窒素の影響なのか、しおれる前に細胞膜が壊れて溶けてしまうのだとか。

そうした合成飼料を大量に食べさせられた牛や豚、鶏が健康に育つのか、そこから生産される肉や乳製品、卵は果たして安全なのか、そうした懸念も生まれてきます。

しかし八雲牧場のように天然の牧草だけを飼料として循環使用し、輸入飼料を一切使わなければ、余剰窒素の発生も防ぐことができるし、合成飼料によって動物が健康を損なうリスクも激減するでしょう。動物にやさしいアニマルウェルフェアの取り組みが、結果的に環境にもやさしい畜産になっているということです。

アニマルウェルフェアを意識し始めてから、よく思うことがあります。それは「そもそも私たちは肉を食べ過ぎなのではないか」ということ。

私も「食べてはいけない」とは思っていません。しかし、毎日毎日たくさんの肉を好きなだけ食べる。余るほど購入して食べ、余ったら捨てる。そうした生活を見直すことも必要だと思うのです。

なぜなら畜産品の大量生産・大量消費は、動物を苦しめるだけでなく、窒素飼料の大量使用のように環境にも大きな負荷をかけることになるからです。

牛や豚、鶏などの畜産動物は草食動物ですから、放牧されて牧草を食べて育つのが本来の姿です。しかし前述したように無理やり成長させ、太らせることで食肉や鶏卵、乳製品を大量生産するため、畜産動物たちには牧草ではなくトウモロコシや大豆といった穀物飼料が大量に与えられています。

その大量の穀物を収穫するために森林を伐採して専用の畑がつくられ、そこでは大量の水が使われ、野菜の栽培以上に大量の農薬や化学肥料が使用されています。また広大な畑で使われる農業用トラクターなどの機械からも、大量の温室効果ガスが排出されます。動物を太らせて畜産物を大量生産するために、環境に大きな負荷をかけて飼料を栽培しているわけです。

牛肉の大量生産が地球温暖化や環境破壊にも直結することを危惧して、欧米では「ミートレス」の動きも活発になっているといいます。

では日本はどうか。昨年、小泉進次郎環境相が国連気候行動サミットに出席した際に、アメリカ・ニューヨークでステーキを食べ、「毎日でも食べたい」と発言したことで批判を浴びました。気候変動対策を議論するサミットに出席した環境大臣が、環境負荷の高い牛肉のステーキを食べることが問題視されたのです。

このニュースを聞いたとき、まだまだこうした問題への理解が深まっていないことに驚くとともに、畜産物の大量生産に歯止めがかからず、アニマルウェルフェアの意識も高まらないのは、このように社会的に認知されていないことも大きな原因になっていると痛感しました。

地球環境の問題も、そこに直結しているアニマルウェルフェアの問題も、「知らなかった」「聞いたこともなかった」ではもう済まされない段階に来ています。無知という〝無邪気な罪〟から脱却する第一歩は、「知らないことがあることを知る」こと、つまり「関心を持つ」ことです。

少しだけでもかまいません。スーパーで手に取った肉のパックを、ただの肉の塊ではなく「動物の命」「地球環境」と紐づけて考えてみる。自分は何を食べているのか。それはどんなプロセスを経て手元に届いたのか。そしてこれから自分は何を選ぶべきなのかを考える。環境も、動物の福祉も、私たちの「関心」があって初めて守られるのです。

●人間の身代わりで苦しめられる動物たち——〝野放し状態〟の動物実験

畜産動物のほかにも、私たち人間のために、世に知られないところで密かに想像を絶する苦しみを強いられ、命を落としている動物たちがいます。食品に使われる添加物の安全性の確認、化粧品などの刺激の確認、医薬品の開発、医療技術や獣医学の研究などのために〝実験台〟にされる「実験動物」です。

一般の消費者である私たちが実験動物の姿を目にすることはまずありません。しかし、毎日の生活に深く関わっているさまざまなものの陰で、日本では約2000万、世界では2億もの動物が実験のために使用されていると推定されています。

動物実験の現場では、動物たちは檻に閉じ込められ、未知の薬品や化学化合物などを服用させられ、脳波を取るために脳に電極を差し込まれ、体を切り刻まれ、臓器を取り出され——といったおぞましい行為が行われています。〝人間の安全のため〟という大義名分のもと、人間の身代わりになって苦痛を強いられているのです。

動物実験について「動物実験の３Ｒの原則」の遵守ということが国際的な流れになっています。３Ｒとは、

・「Replacement（代替）」――動物を使わない代替法を検討する。
・「Reduction（削減）」――実験に使う動物は最小限に削減する。
・「Refinement（改善）」――動物の苦痛をできるだけ軽くする。

を指します。この３つの原則を守ることが世界のスタンダードになっているのですが、日本では前回の法改正で「苦痛の軽減」が義務化されただけで、後の２つは手付かずのまま。これでは人間のためなら動物が苦しんでも仕方ないと言っているのと変わりません。日本はここでもまた、世界に大きく遅れをとっているのです。

さらに実験動物に関する大きな問題は、そうした実験を行う施設が〝自主管理〟であるということです。

動物愛護法では、全国にある動物実験の施設は、自治体に登録しなければいけない動物取扱業の対象から除外されています。ペットショップや繁殖業者でさえ「第一種動物

取扱業」としての登録が義務化されているのに、動物実験の施設は登録制でもありません。

ですから例えば、私が『杉本彩ラボ』などと名乗って、自分の家のなかで勝手にマウスや犬猫を虐待するような動物実験を行っても誰にもわからないのです。

そのため国や自治体も、動物実験施設の数や実験に使われた動物の数、実験内容の詳細など、その施設で行われている実験の全容を把握できていません。言ってみれば〝野放し〟状態なのです。

その実験は適正なものなのか、実験動物の苦痛を軽減する措置が取られているか、動物を使わなくてもいいような代替方法はなかったのか、といったことを第三者が監視し、チェックし、評価するという仕組みになっていない。

免許不要、申請不要、監視不要、公表不要。すべては自己申告でOKという、何ひとつ明らかにされない真っ暗闇。こんなあり得ないことがまかり通っているのが、日本の動物実験の実態なのです。

今回の動物愛護法改正にあたって、私たちは「動物実験施設の届け出、あるいは登録制の導入」や「実験動物に対する3Rすべての義務化」なども求めて活動を行いました。

しかし、やはり医系議員たちの激しい抵抗があり、最終的には「実験動物を扱う学校や研究所等を第一種動物取扱業者とするかどうか検討する」「代替法、数の削減を検討する」という文言が附則に入るにとどまっています。

動物実験施設の届け出制については、前回（2013年）の法改正のときにも盛り込もうという動きがあったのですが、同じように一部の医系議員の強硬な反対にあって実現しなかったという経緯があります。今回に関しても、やはり「実験動物の牙城は厳しい」という現実を見せつけられた結果になりました。実験施設を登録制にしてください、動物の扱いを最低限のルールである世界水準に合わせてくださいと言っているだけなのですが、それすら何年かけてもかなわない。それは、実験動物の実態という闇がそれだけ深いことの証しでもあるのです。

私たちはこれからも実験動物に対する福祉を徹底させるための活動を、粘り強く進めていきます。

●「動物を救うために動物を苦しめている」という葛藤――『犬が殺される』

知られざる動物実験の闇をさまざまな角度から追及している『犬が殺される』（同時代社）という本があります。時事通信社の記者である森映子さんが書かれたノンフィクションなのですが、そこに記されている動物たちの痛み、苦しみ、恐怖の実態を知るにつけ、まさにこの国が〝動物福祉後進国〟であることを痛感させられます。

『犬が殺される』には、大学の獣医学部で行われている実習についてのリアルな現実も書かれています。動物実験は、獣医になるための教育機関でも行われています。早い話が、学生の〝練習台〟として使われるということです。

近年、欧米では健康な動物を使う手術実習をやめ、病気の動物を実際に治療することから学ぶ臨床実習を重視する風潮に変わりつつあります。日本でも、その流れを取り入れる学校も出てきてはいますが、まだ取り組みが遅れているところも多々あるのが実情です。

ある獣医学部の実習では2015年まで、開腹・開胸を伴う手術実習で、5日間同じ犬を使い続けていたといいます。毎日体の違う場所を切っては閉じ、切っては閉じされ、麻酔から覚めたら、またすぐに麻酔して手術。しかも実習に影響があるからと、その5日間は水も餌も与えられず、最後に待っているのは安楽死。情が移るといけないから名前は付けずに番号で呼ぶ。「感情移入してかわいそうだと思うな」と言われる——。

実験に使われる犬も、最初はかまってもらえると思って尻尾を振って近づいてくるけれど、何回も何回も切り貼りされていると、恐怖に怯えてビクビクと震えてくる。そんな話を読むと、本当に辛くなります。

そうした教育の現場では、「動物を助けるために獣医になる」という夢を抱いていたけれど、そのためには何度も動物実験をしなくてはならない。動物を苦しみから救う技術を身につけるために動物を苦しめなくてはならない。その矛盾に苦しむ学生もいます。なかには犬を使った実習を拒否する学生、実際にショックを受けて退学したり、転部したりした学生もいたそうです。

『犬が殺される』は、そうした大学の実習のほか、実験施設の話や実験動物のケアについて、また動物実験に代わる代替法のことなど、普段、私たちの目に見えないところで行われている動物実験の真実を知ることができる非常に優れた良書です。ぜひ読んでいただきたいと思います。

畜産動物のときと同じように、私たちの生活のすべてが動物実験の犠牲の上に成り立っているという紛れもない事実を自覚すること、実験動物について知ること、関心を持つこと。それが見えないところで苦しむ実験動物を救うことになるのです。

●すべての動物に「アニマルウェルフェア」を――動物たちのQOLを尊重する

本項で扱ってきたアニマルウェルフェアとは、基本的には「快適性に配慮した家畜の飼養管理」「目指すべき畜産の在り方」などと定義されています。でもその概念は、畜産動物だけに当てはめるというものではありません。

本来、ペットにも、実験動物にも、私たちと共に生きるすべての動物たちに適用されるべき、「動物と人間が共生するための理念」なのだと私は考えています。

「アニマルウェルフェア」は日本語に直訳すると「動物福祉」であるのはすでに述べたとおりです。では、畜産だけでなく、すべての動物に適用する「動物福祉」とはどういう考え方なのでしょうか。それは、動物愛護とはどう違うのでしょうか。

「動物愛護」とは「動物をかわいがって、大事にすること」であり、「弱い立場である動物をかばい、庇護すること」です。

では「動物福祉＝アニマルウェルフェア」とは何か。私が思うに、「動物の愛護」に「動物の幸福と快適」という要素を付け加えて動物と向き合うこと、と解釈すればいいのではないでしょうか。動物愛護の先にある考え方だとも言えます。

動物たちを言われなき苦しみから救う、人間都合の苦痛を与えないのは大前提。その上でさらに一歩進んで、動物の幸せを考え、動物本来の生態や欲求、行動を最大限に尊重する。言葉を変えれば「動物たちのQOL（Quality of Life　クオリティ・オブ・ライフ）を尊重する」ことこそが、動物福祉なのだと思うのです。

畜産動物ならば、前述したようにケージフリーやストールフリーの環境を整備するなど動物にやさしい飼育方法を採用する――etc.。

愛玩動物（ペット）ならば、動物のモノ扱いをやめ、大量生産・大量流通、生体展示販売といったビジネスモデルを見直す――etc.。

展示動物ならば、動物種ごとの生態・習性に合わせ環境の整備を行う――etc.。
実験動物ならば、前述した「３つのＲ」を順守する――etc.。

福祉とは、人間だけに適用される言葉ではなく、命ある生き物、生きとし生けるすべてものに共通して当てはまる考え方のはず。ならば、人間と同じように、動物にだって、言われなき苦痛に苛まれることなく、幸せに生きる権利があるはずなのです。
日本のアニマルウェルフェア（動物福祉）は、世界と比べて大きく遅れていると言われます。事実、そのとおりでしょう。しかし、世界レベルに追いつくことは、決して難しいことではありません。大事なのは、想像すること、想像力です。

動物の痛みを自分の痛みとして感じられるか。
動物たちの苦しみを、「もし自分なら」「もし家族なら」と置き換えて考えられるか。
動物の立場に立って、動物の視点から、ものごとを考えられるか。

私たち一人ひとりが常にそうした想像力を働かせることができれば、動物にやさしい社会は、人間と動物が共に幸せになれる社会は、必ず実現できると私は信じています。

おわりに

本書を通じて辛い現実と向き合っていただいたことに感謝いたします。知らないほうが楽だった、そう思われる方もおられるかもしれませんが、それも正直な感想だと思います。でも、なるべく人や動物や環境にやさしい生き方をしようと思えば、知らなければならない事実です。今、世界が目指す「サスティナブルな社会」、持続可能な社会を実現するためには、このような根本にある問題を知らなければ、個人も企業も努力のしようがありません。

私も最初は、20代で始めた猫の保護活動がスタートでした。そこからＥｖａを立ち上げることになったのは、徐々に知った現実から目を逸らすことができなくなったから。最終的には環境問題とも深く関わることを知り、消費者として選ぶものも、価値観や生き方も大きく変わりました。動物や環境にやさしい選択は、自分にもやさしい選択であることを知ったいま、心の底から事実を知ることができてよかったと思います。

この活動をしていると、いろいろと気づかされることがあります。世の中の裏側にある真実を知ることもあります。いいことも悪いことも含め、常に感情が揺れ動きます。時には残虐な動物虐待の映像を確認しなければならないこともあり、心が壊れそうになるほどの苦しさを感じることも。

しかし、怒りや悲しみに任せて感情的に動かない、発信しない、というのが私たち活動するものの鉄則だと思っています。なぜなら、感情的になり過ぎた怒りのパワーだけでは、世の中は変えられないと感じるからです。怒りを煽って騒ぐ攻撃的なやり方を時々目にしますが、それでは多くの人々は共感できないし、良い結果が生まれたためしがありません。

正確に状況を把握し、冷静に有効な手段や方法を考える。そして、時に人の感情に訴えるということが、多くの署名に繋がったりする。熱さと冷静さの両方を保ちながら訴えることが大切だと思っています。

動物に対する考え方や価値観は多様であるため、ともすれば感情的な議論を招きやすいところがありますが、不毛な批判合戦に参加することなく、愛を持って行動してほしいと思います。

とにかく、いろんな感情が込み上げることも多いのですが、時には本当にがっかりしてしまうこともあります。最近、身近な人が生体展示販売をする悪名高き大手ペットショップで犬を購入したことを知った時は、なんとも言えない気持ちになりました。以前、彼女からのSOSで、知り合いの高齢者が安易にペットショップで購入した柴犬の飼育放棄の相談にも個人的に応じたことがあり、諸問題をすべて解決して里親も見つけました。その他、彼女の知人が巻き込まれた動物関連のトラブルの相談に応じ、夜中に延々とアドバイスをしたこともあります。

こういった相談を私に持ちかけるのは、彼女に動物愛護精神があるからであり、私の活動を知っているからです。けれど、私の発信をきちんと理解してくれてはいなかったということになります。私が多大な時間と労力を割いて彼女の相談に応じたことをどう考えているのかと本当に腹立たしく思いました。

なぜペットショップで購入したのか、その理由は、一緒に暮らす娘にねだられ、その犬とは不思議な縁を感じて特別な存在に思えたからだと言います。けれど、私にはどれも納得のいく理由ではなく、こうやって人は欲望に負けて都合のいい理由を付けて衝動的に動物を購入するのだという一つのケースをまざまざと見せられた感じです。

言いたいことは山ほどありましたが、そこは穏やかにいろいろと尋ねました。購入先のペットショップが独自でやっている保険に加入したようで、その際、別プランの商品も勧められたそうです。それは、先天性疾患にも対応できるサポート商品で、発症したら手術費用を負担してくれます。また、返品にも対応し代替犬を用意してくれるともホームページに書いてありました。人間には親切なサービスなのかもしれませんが、命を単なる商品として扱っていることに違和感を覚えますし、動物にとっては過酷でしかありません。

消費者である飼い主さんにも冷静に考えてほしいのですが、ペットショップで売られている動物に先天性疾患がいかに多いかと言わんばかりのサポート商品です。そして、その代償を消費者である飼い主に支払わせようとする、ひどいやり口だということに気づいてほしいと思います。

とにかく、この件で改めて痛感したのは、啓発というのは本当に時間を要する難しいものであるということです。けれど、嬉しいこともちろんあります。私の活動を通じて問題を知り、保護犬や保護猫を迎え本当に良かったという声が耳に届いてきた時。Ｅｖａで行なっている子どもたちへの出前授業で、動物の命への責任の重さがしっかりと心に届いたことを感じる瞬間。そんな時は、少しだけ報われたような気持ちになります。

また、最近ではこんなことが私の耳に届きました。大阪の天王寺動物園のコアラが出園（動物園を出てほかの施設などに移ること）した話です。今後の計画で動物の種類を減らしていくことや、コアラが食べるユーカリの栽培管理費が高額なことから撤退したとメディアでは報じられていました。もちろん、それも理由としてあるのですが、松井一郎大阪市長が、天王寺動物園で続いたさまざまな事故を受け、故郷を離れた動物たちが、よその国の動物園という環境にいることを可哀想だとおっしゃっているそうです。その動物の故郷が、本来ならば動物にとって一番いい環境なのだから、今後、出園する動物たちの故郷に帰ってからのことも含め対応したいということで、今はブリーディングローンという繁殖のための貸し出しや借り入れ契約によってイギリスにいるコアラですが、オーストラリア政府と今後のことを検討していくそうです。

このような話を聞くと、とても嬉しくなります。市長という行政のトップが、動物の目線に立って考え、動物園の存在やいまの在り方を疑問視する。時代の変化を少し感じる話です。

けれど、まだまだ道は険しいですし、私たちが生きている間にどれだけ前進できるかはわかりません。でも、やり続けなければ、あっという間に物事は後退してしまう。これからも私たちＥｖａは、その使命をまっとうするよう努めていきたいと思っています。動物たちが幸せな社会は人も幸せなのですから。

最後になりましたが、本書の出版の機会をいただきました発行者の佐藤様、編集にご尽力くださいました柳沢様に感謝申し上げます。本書が一人でも多くの方の目に留まり、考えるきっかけにしていただけますように……。

２０１９年12月

杉本　彩

動物たちの悲鳴が聞こえる
続・それでも命を買いますか？

著者　杉本　彩

２０２０年２月10日　初版発行

杉本　彩（すぎもと・あや）
１９６８年、京都市生まれ。女優・作家・ダンサーのほか、コスメブランド「リベラータ」などのプロデューサーとしての顔も持つ。20代から始めた動物愛護活動の経験を活かし、現在は、公益財団法人動物環境・福祉協会Ｅｖａの理事長。動物虐待を取り締まるアニマルポリスの導入や動物福祉の整備を行政に訴え、さらに講演などを通して、積極的に動物愛護の普及啓発活動を行っている。２０１９年６月に成立した改正動物保護法にも大きな役割を果たした。著書に、『リベラルライフ』（梧桐書院）、『それでも命を買いますか？』（ワニブックス【ＰＬＵＳ】新書）、『動物が教えてくれた愛のある暮らし』（出版ワークス）など。

発行者　佐藤俊彦
発行所　株式会社ワニ・プラス
〒１５０－８４８２
東京都渋谷区恵比寿４－４－９　えびす大黒ビル７Ｆ
電話　０３－５４４９－２１７１（編集）
発売元　株式会社ワニブックス
〒１５０－８４８２
東京都渋谷区恵比寿４－４－９　えびす大黒ビル
電話　０３－５４４９－２７１１（代表）
装丁　橘田浩志（アティック）
柏原宗績
編集協力　柳沢敬法
カバー写真　山村隆彦
ＤＴＰ　平林弘子
印刷・製本所　大日本印刷株式会社

ISBN 978-4-8470-6137-0
ワニブックスＨＰ　https://www.wani.co.jp